Communications-Based Train Control (CBTC)

Ihr Bonus als Käufer dieses Buches

Als Käufer dieses Buches können Sie kostenlos unsere Flashcard-App „SN Flashcards"
mit Fragen zur Wissensüberprüfung und zum Lernen von Buchinhalten nutzen.
Für die Nutzung folgen Sie bitte den folgenden Anweisungen:

1. Gehen Sie auf **https://flashcards.springernature.com/login**
2. Erstellen Sie ein Benutzerkonto, indem Sie Ihre Mailadresse angeben,
   ein Passwort vergeben und den Coupon-Code einfügen.

Ihr persönlicher „SN Flashcards"-App Code   35DFB-BEB19-F0AEF-296FB-8E31C

Sollte der Code fehlen oder nicht funktionieren, senden Sie uns bitte eine E-Mail mit
dem Betreff **„SN Flashcards"** und dem Buchtitel an **customerservice@springernature.com**.

Lars Schnieder

Communications-Based Train Control (CBTC)

Komponenten, Funktionen und Betrieb

3. Auflage

Lars Schnieder
ESE Engineering und Software-Entwicklung GmbH
Braunschweig, Deutschland

ISBN 978-3-662-65284-8   ISBN 978-3-662-65285-5 (eBook)
https://doi.org/10.1007/978-3-662-65285-5

Die Deutsche Nationalbibliothek verzeichnet diese Publikation in der Deutschen Nationalbibliografie; detaillierte bibliografische Daten sind im Internet über http://dnb.d-nb.de abrufbar.

Springer Vieweg

Planung/Lektorat: Alexander Grün
Springer Vieweg ist ein Imprint der eingetragenen Gesellschaft Springer-Verlag GmbH, DE und ist ein Teil von Springer Nature.
Die Anschrift der Gesellschaft ist: Heidelberger Platz 3, 14197 Berlin, Germany

Vorwort zur 3. Auflage

Jeden Tag nutzen Millionen Menschen den öffentlichen Personennahverkehr. Die Metropolen dieser Welt stünden ohne leistungsfähige Schienenverkehrssysteme jeden Tag vor dem Verkehrsinfarkt. Die vorhandene Schieneninfrastruktur stößt jedoch vielerorts an die Grenzen ihrer Kapazität. Der Schlüssel zu einer Steigerung der Leistungsfähigkeit städtischer Schienenverkehrssysteme liegt in ihrer Automatisierung. In den letzten Jahrzehnten haben weltweit immer mehr Städte in leistungsfähige Schienenverkehrssysteme investiert. In Deutschland wurde lange Zeit nicht in die Modernisierung von U- und Stadtbahnsystemen investiert. Die technologische Basis in den Städten ist daher oftmals veraltet und hat an manchen Orten die Grenzen ihrer technischen Lebensdauer bereits überschritten. In einigen Städten werden daher die Verkehrsunternehmen in den nächsten Jahren ihre Infrastruktur umfassend erneuern. Es sind also auch in Deutschland erhebliche Investitionen in die Erneuerung der signaltechnischen Infrastruktur von U- und Stadtbahnsystemen zu erwarten. Dieses Buch stellt die gültigen normativen Grundlagen hochautomatisierter Schienenverkehrssysteme dar. Die Darstellung in diesem Buch basiert auf meinen Erfahrungen in der Beratung von Verkehrsunternehmen sowie meiner praktischen Tätigkeit in der Prüfung von Bauunterlagen sowie der Durchführung von Prüfungen zur Inbetriebnahme von Zugsicherungsanlagen internationaler U- und Stadtbahnen.

Mein Dank gilt den Experten der Systemhäuser Alstom, Hitachi, Siemens, Stadler und Thales. Ich habe hier in vielen Fachgesprächen ein vertieftes Verständnis der komplexen technischen Zusammenhänge von CBTC-Systemen gewinnen können. Den folgenden Firmen und Betreibern danke ich für die freundliche Genehmigung zur Verwendung von Bilddateien in diesem Buch (Angaben in alphabetischer Reihenfolge):

- Alstom Transport Deutschland GmbH
- Deuta-Werke GmbH
- Frauscher Sensortechnik GmbH
- HASLER RAIL AG
- Huber + Suhner AG
- Lenord, Bauer & Co. GmbH
- PINTSCH GmbH

- Sitron Sensor GmbH
- Stadtwerke Verkehrsgesellschaft Frankfurt am Main mbH (VGF)
- VAG Verkehrs-Aktiengesellschaft Nürnberg
- VIA Consulting & Development GmbH

Ein persönlicher Dank für die vorliegende 3. Auflage dieses Buches gehört Frau Holland-Nell von der Dresden International University für die Koordination des Weiterbildungsseminars „Zugsicherungssysteme im Nahverkehr" sowie dem Referententeam aus der Bahnindustrie für wertvolle Impulse zur Fortentwicklung des Manuskripts. Darüber hinaus möchte ich mich bei den Mitarbeitern der Betreiber, beispielsweise der Wiener Linien, der Stadtwerke Verkehrsgesellschaft Frankfurt am Main (VGF), der Stuttgarter Straßenbahnen AG, der Hamburger Hochbahn AG, der Münchner Verkehrsgesellschaft mbH (MVG), der VAG Nürnberg sowie Washington Metropolitan Area Transit Authority (WMATA) bedanken. Für mich war es sehr wertvoll, mit Praktikern aus den Verkehrsunternehmen in vielen Diskussionen die betrieblichen Zusammenhänge eines automatisierten Bahnbetriebs zu erörtern. Die dritte Auflage dieses Buches vertieft die technischen Zusammenhänge von CBTC-Systemen. Ein besonderer Dank gilt Herrn Peter Axhausen von der ESE Engineering und Software-Entwicklung GmbH für die kritische Durchsicht des Manuskripts und seine konstruktive Kritik.

Braunschweig, Deutschland   Lars Schnieder
Oktober 2022

Inhaltsverzeichnis

1 Motivation und Hintergrund   1
   1.1 Entwicklung urbaner Mobilität   1
   1.2 Vorteile automatisierter Schienenverkehrssysteme   7
   Literatur.   11

**2 Systemkomponenten und Umsysteme automatischer
Zugbeeinflussungssysteme**   13
   2.1 Systemkomponenten automatischer Zugbeeinflussungssysteme.   13
      2.1.1 Fahrzeugseitige Ausrüstung (ATP onboard
          und ATO onboard)   15
      2.1.2 Streckenseitige Ausrüstung (ATP wayside).   17
      2.1.3 Datenkommunikationssystem   19
      2.1.4 Zugleitsystem (Automatic Train Supervision, ATS)   23
   2.2 Umsysteme automatischer Zugbeeinflussungssysteme   27
   Literatur.   35

3 Automatisierungsgrade automatischer Zugbeeinflussungssysteme   37
   3.1 Grade of Automation 0: Zugbetrieb auf Sicht   37
   3.2 Grade of Automation 1: Nicht automatisierter Zugbetrieb.   40
   3.3 Grade of Automation 2: Halbautomatischer Zugbetrieb.   41
   3.4 Grade of Automation 3: Begleiteter fahrerloser Zugbetrieb.   41
   3.5 Grade of Automation 4: Vollautomatischer fahrerloser Zugbetrieb   41
   Literatur.   42

**4 Betriebsarten und Betriebsartenübergänge automatischer
Zugbeeinflussungssysteme**   43
   4.1 Betriebsarten automatischer Zugbeeinflussungssysteme.   43
      4.1.1 Betriebsarten für den Regelbetrieb   44
      4.1.2 Betriebsarten für Gefahren- und Störzustände.   45
      4.1.3 Betriebsarten für Ausschaltzustände   47
      4.1.4 Betriebsarten für Fahrten auf nicht mit CBTC ausgerüsteten
          Bestandsstrecken   48

    4.2   Betriebsartenübergänge automatischer Zugbeeinflussungssysteme 49
        4.2.1   Wechsel zwischen Restricted Mode und Supervised
               Manual Mode... 49
        4.2.2   Wechsel zwischen Supervised Manual Mode
               und Automatic Mode................................. 50
        4.2.3   Wechsel zwischen Automatic Mode und Automatic
               Reversal Mode...................................... 51
        4.2.4   Wechsel zwischen Automatic Mode und Restricted
               Mode bei Störungen................................. 53
        4.2.5   Automatisierte Betriebsführung im Depot.................. 55
    Literatur.. 56

5 Hauptfunktionen automatischer Zugbeeinflussungssysteme 57
    5.1   Hauptfunktion Sichern der Zugbewegung........................ 57
        5.1.1   Oberfunktion Sichern des Fahrwegs 57
        5.1.2   Oberfunktion Sichern der Abstandshaltung.................. 61
        5.1.3   Oberfunktion Sichern der Geschwindigkeit................. 62
    5.2   Hauptfunktion Fahren des Fahrzeugs 71
        5.2.1   Oberfunktion Bestimmen des Fahrprofils 71
        5.2.2   Oberfunktion Steuern der Züge in Abhängigkeit
               des Fahrprofils 74
    5.3   Hauptfunktion Überwachen der Profilfreiheit 79
        5.3.1   Oberfunktion Verhinderung der Kollision mit Objekten 79
        5.3.2   Oberfunktion Verhinderung der Kollision
               mit Personen im Gleis 80
    5.4   Hauptfunktion Überwachen des Fahrgastwechsels 83
        5.4.1   Oberfunktion Steuern und Überwachen der Türfreigabe........ 83
        5.4.2   Oberfunktion Verhindern der Verletzung von Personen
               zwischen Fahrzeugen................................ 84
        5.4.3   Oberfunktion Sichern der Bahnsteigkante.................. 84
        5.4.4   Oberfunktion Sicherstellen der Abfertigungsbedingungen 90
    5.5   Hauptfunktion Automatischer Zugbetrieb........................ 92
        5.5.1   Oberfunktion Einsetzen und Aussetzen von Fahrzeugen........ 92
        5.5.2   Oberfunktion Betreiben eines Fahrzeugs zwischen
               betrieblichen Halten................................ 93
        5.5.3   Oberfunktion Überwachung des Fahrzeugzustands............ 95
    5.6   Hauptfunktion Störfallerkennung und Störfallmanagement 96
        5.6.1   Oberfunktion Fahrgastalarmmeldungen 96
        5.6.2   Oberfunktion Brandmeldung........................... 100
        5.6.3   Oberfunktion Evakuierung............................ 101
        5.6.4   Oberfunktion Hinderniserkennung 103
        5.6.5   Oberfunktion Entgleisungserkennung 104
    Literatur.. 105

6 Verlässlichkeit automatischer Zugbeeinflussungssysteme 107
  6.1 Sicherheit.. 107
    6.1.1 Funktionale Sicherheit (Safety)........................... 108
    6.1.2 Angriffssicherheit (Security) 114
  6.2 Verfügbarkeit (Availability)................................. 115
    6.2.1 Optimierung der Instandhaltbarkeit (Maintainability)
          zur Steigerung der Verfügbarkeit......................... 115
    6.2.2 Erhöhung der Zuverlässigkeit (Reliability) zur Steigerung der
          Verfügbarkeit.. 117
    6.2.3 Fehlertolerante Systeme zur Steigerung der Verfügbarkeit 118
  Literatur.. 120

7 Abwägung von Kosten und Nutzen automatischer
  Zugbeeinflussungssysteme... 123
  7.1 Lebenszykluskostenrechnung 123
    7.1.1 Elemente der Lebenszykluskosten......................... 124
    7.1.2 Ergebnisse der Analyse der Lebenszykluskosten............... 126
  7.2 Untersuchungen zur Leistungsfähigkeit 126
    7.2.1 Vorbereitung des Simulationsmodells....................... 127
    7.2.2 Validierung und Kalibrierung des Simulationsmodells.......... 128
    7.2.3 Durchführung und Auswertung der Simulationsläufe........... 130
  Literatur.. 131

8 Umbau, Test und Inbetriebnahme automatischer
  Zugbeeinflussungssysteme... 133
  8.1 Definition der Migrationsstrategie............................. 134
    8.1.1 Doppelausrüstung der Fahrzeuge.......................... 137
    8.1.2 Doppelausrüstung der Streckeneinrichtungen................ 139
  8.2 Projektierung automatischer Zugbeeinflussungssysteme 140
    8.2.1 Kategorien streckenspezifischer Projektierungsdaten 141
    8.2.2 Kategorien fahrzeugspezifischer Projektierungsdaten.......... 141
    8.2.3 Qualitätsmerkmale von Projektierungsdaten.................. 142
    8.2.4 Qualitätssichernde Prozesse für Projektierungsdaten 142
    8.2.5 Erfassung streckenspezifischer Projektierungsdaten........... 143
  8.3 Ausstattung von Fahrzeugen mit CBTC-Fahrzeuggeräten 144
    8.3.1 Definition betrieblicher Anwendungsfälle................... 144
    8.3.2 Mechanische Integration des CBTC-Fahrzeuggeräts 145
    8.3.3 Elektrische Integration des CBTC-Fahrzeuggeräts 146
  8.4 Definition der Teststrategie und Testdurchführung 147
    8.4.1 Umwelttests 148
    8.4.2 Fabriktests 148
    8.4.3 Fahrzeugtests 149
    8.4.4 Testgleis im Betriebshof 150
    8.4.5 Inbetriebnahmetests der Streckeneinrichtung 151

8.5   Schulung des Betriebspersonals. 153
     8.5.1   Schulungen der Fahrer. 154
     8.5.2   Schulungen des Fahrdiensleiter: 154
     8.5.3   Schulungen des Instandhaltungspersonals. 156
Literatur. 157

9   Perspektiven und zukünftige Herausforderungen. 159
9.1   Entwicklung der installierten Basis 159
9.2   Standardisierung von Systemlösungen 160
9.3   Integration der Straßenverkehrstechnik in Stadtbahnsystemen 161
Literatur. 163

Stichwortverzeichnis. 165

Abkürzungsverzeichnis

ATC	Automatic Train Control
ATO	Automatic Train Operation
ATP	Automatic Train Protection
ATS	Automatic Train Supervision
CAPEX	Capital Expenditures
CBTC	Communications-Based Train Control
CCTV	Closed Circuit Television
DTO	Driverless Train Operation
EMV	Elektromagnetische Verträglichkeit
GoA	Grade of Automation
HMI	Human Machine Interface
IP	Internet Protocol
ITCS	Intermodal Transport Control System
LCC	Life Cycle Costs
LRU	Line Replaceable Unit
LTE	Long Term Evolution
MDT	Mean Down Time
MTBF	Mean Time Between Failure
MUT	Mean Up Time
NTO	Non-automated Train Operation
OPEX	Operational Expenditures
ÖPNV	Öffentlicher Personennahverkehr
QoS	Quality of Service
RAMSS	Reliability, Availability, Maintainability, Safety, Security
SCADA	Supervisory Control and Data Acquisition
SIL	Safety Integrity Level
STO	Semi-automated Train Operation

TCMS   Train Control & Monitoring System
TETRA   Terrestrial Trunked Radio
THR   Tolerable Hazard Rate
TOS   Train Operation On Sight
USV   Unterbrechungsfreie Stromversorgung
UTO   Unmanned Train Operation
WLAN   Wireless Local Area Network

Motivation und Hintergrund

1

Weltweit ziehen immer mehr Menschen in die Städte. Gleichzeitig nimmt die Verkehrsnachfrage stetig zu. Dort, wo aktuell noch keine leistungsfähigen öffentlichen Verkehrssysteme vorhanden sind, müssen diese neu errichtet werden. Dort, wo bestehende öffentliche Verkehrssysteme an die Grenzen ihrer Leistungsfähigkeit stoßen, müssen durch umfassende technische und betriebliche Maßnahmen Kapazitätssteigerungen erzielt werden. In diesem Abschnitt wird zunächst die weltweit zu beobachtende Entwicklung urbaner Mobilität beschrieben. Die hieraus resultierenden Herausforderungen können durch die Vorteile automatisierter Verkehrssysteme adressiert werden. Dies wird ebenfalls in diesem einführenden Kapitel beschrieben. In diesem Kapitel wird zunächst die Entwicklung der urbanen Mobilität aufgezeigt (vgl. Abschn. 1.1). Daraus wird die weltweit zu beobachtende Tendenz zum Einsatz zunehmend höher automatisierter Schienenverkehrssysteme motiviert, deren Vorteile in Abschn. 1.2 dargestellt werden.

1.1 Entwicklung urbaner Mobilität

Zum ersten Mal in der Menschheitsgeschichte lebt die Mehrheit der Weltbevölkerung in den Städten. Bis zur Mitte des 21. Jahrhunderts werden voraussichtlich sogar mehr als zwei Drittel der Erdbewohner in urbanen Zentren leben (United Nations 2015). Dieser raumstrukturelle Veränderungsprozess wird auch als *Urbanisierung* bezeichnet. Um die Bedürfnisse des täglichen Lebens zu befriedigen (Wohnen, Versorgung, Arbeit, Ausbildung, Erholung usw.), müssen die Menschen mobil sein und sich in ihrer Stadt fort-

© Springer-Verlag GmbH Deutschland, ein Teil von Springer Nature 2022
L. Schnieder, *Communications-Based Train Control (CBTC)*,
https://doi.org/10.1007/978-3-662-65285-5_1

bewegen können. Den zunehmenden Mobilitätsbedarf dem motorisierten Individualverkehr zu überlassen, wäre ökologisch und gesamtwirtschaftlich verheerend. Nachhaltige Mobilitätskonzepte zu entwickeln, ist daher vor allem auch hinsichtlich des Ressourcen und Klimaschutzes ein wichtiges Anliegen. Hierbei nimmt ein leistungsfähiger öffentlicher Personennahverkehr (ÖPNV) eine zentrale Rolle ein. In den Industriestaaten schreitet parallel zu der zuvor beschriebenen Urbanisierung auch die *Suburbanisierung* (englisch suburban – am Stadtrand) voran. Suburbanisierung bezeichnet hierbei die Abwanderung städtischer Bevölkerung oder städtischer Funktionen wie beispielsweise Industrie und Dienstleistungen aus der Kernstadt in das städtische Umland. Diese Abwanderung führt allgemein zu einer Zunahme der Pendlerbewegungen. Hieraus resultiert eine höhere Belastung der Verkehrsinfrastruktur insbesondere in den morgendlichen und abendlichen Hauptverkehrszeiten.

Urbanisierung und Suburbanisierung erfordern die Erhöhung der Beförderungskapazität städtischer Verkehrsinfrastrukturen. Die *Beförderungskapazität* bestimmt sich hierbei in der Betriebsplanung aus dem Produkt der Anzahl der Fahrten pro Stunde und der Gefäßgröße (Anzahl der verfügbaren Sitz- und Stehplätze) der eingesetzten Fahrzeugflotte (Schnieder 2018). Die Beförderungskapazität wird somit wesentlich bestimmt von der Anzahl der Zugfahrten, die in einem bestimmten Betriebszeitraum auf einer Strecke in einer Fahrtrichtung durchgeführt werden können. Dies wird auch als *Leistungsfähigkeit* einer Strecke bezeichnet (Adler et al. 1981). Die Leistungsfähigkeit ist abhängig von verschiedenen Faktoren wie die bestehende Infrastruktur, Charakteristika der Fahrzeuge und der Betriebsorganisation. Dies erfordert insgesamt einen ganzheitlichen Ansatz der Systemgestaltung, wie dieser im Ishikawa-Diagramm in Abb. 1.1 dargestellt ist. Die im Diagramm dargestellten Ansatzpunkte zur Erhöhung der Leistungsfähigkeit werden nachfolgend diskutiert:

- *Optimierung der Fahrzeugeigenschaften:* Die eingesetzten Fahrzeuge leisten einen Beitrag zur Steigerung der Leistungsfähigkeit einer Strecke. Die Distanz zwischen Stationshalten, die Fahrzeuge mit der maximal zulässigen Geschwindigkeit fahren können, kann erhöht werden, indem die Fahrzeuge eine verbesserte Fahrdynamik erhalten. Dies umfasst neben einem höheren Beschleunigungsvermögen auch ein höheres Bremsvermögen. Darüber hinaus kann mit der Fahrgastwechselzeit in den Haltestellen ein weiterer Störeinfluss in städtischen Bahnsystemen adressiert werden. Um den Fahrgastwechsel in den Stationen zu beschleunigen, kann auch die Anzahl und Breite der Türen bewusst gestaltet werden (obwohl dies auf Kosten des Sitzplatzangebotes geht). In seltenen Fällen sind an beiden Seiten des Fahrzeugs Bahnsteige, so dass die Türen in den Haltestellen auf beiden Seiten geöffnet werden können. Die Betreiber verbinden hiermit die Hoffnung, dass die Fahrgäste das Fahrzeug auf der einen Seite besteigen und auf der anderen Seite verlassen. In der Praxis muss dies mit einer präzisen und verständlichen Fahrgastinformation verknüpft werden. Dies soll unnötige Hektik beim Haltestellenaufenthalt vermeiden und sicherstellen, dass die Fahrgäste den Zug nicht über die „falsche" Seite verlassen.

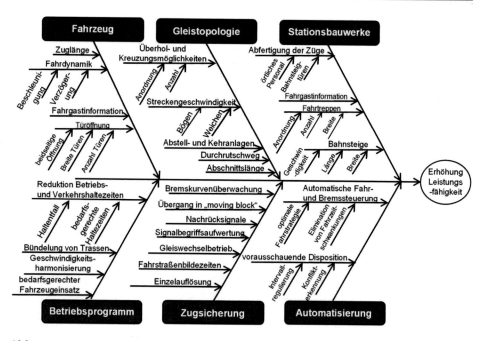

Abb. 1.1 Kapazitätserhöhung als ganzheitlicher Systemansatz. (Eigene Darstellung)

- *Optimierung der Gleistopologie:* Durch die Gestaltung der Gleispläne können bestehende Einschränkungen reduziert werden. Beispiele hierfür sind veränderte Weichen und Gleisbogenradien für höhere Streckengeschwindigkeiten. Außerdem können bestehende Fahrstraßenausschlüsse behoben werden (Pachl 2016) sowie die Anordnung von Kreuzungs- und Überholstellen bei eingleisiger Betriebsführung geändert werden. Die Anzahl und Position von Kehr- und Abstellanlagen ist insbesondere für Störungen im Betriebsablauf relevant. Defekte Fahrzeuge können im Falle von Störungen in Kehr- und Abstellanlagen weggeschoben werden und behindern so nicht mehr den Betriebsablauf. Je mehr Kehr- und Abstellanlagen im Linienverlauf zur Verfügung stehen, desto höher ist die Flexibilität für den Disponenten in der Bearbeitung der Störung. Kehranlagen im Linienverlauf bieten darüber hinaus die Möglichkeit zum frühzeitigen Abkehren von Fahrzeugumläufen im Falle von Verspätungen. Auf diese Weise kann eine Verspätungsübertragung unterbunden werden und eine regelmäßiger Betriebsablauf wieder hergestellt werden.
- *Optimierung der Stationsbauwerke:* In Summe muss in städtischen Nahverkehrssystemen ein optimaler Fahrgastfluss erreicht werden. Dies bezieht in einem ganzheitlichen Ansatz auch die Stationsbauwerke mit in die Betrachtung ein. Durch breite Bahnsteige und eine günstige Anordnung von Treppen, Fahrtreppen und Aufzügen können Reisende schnell die Station verlassen. Sie blockieren dann nicht den Bahnsteig für die aus dem nächsten eintreffenden Zug aussteigenden Fahrgäste. Damit die Fahrgäste den Stationsbereich unverzüglich verlassen können, ist auch eine adressatenorientierte Fahrgastinformation im Sinne eines Gebäudeleitsystems unverzichtbar. Darüber hinaus spielt auch das gewählte Abfertigungsverfahren eine nicht zu ver-

nachlässigende Rolle. So kann beispielsweise durch eine gezielte Unterstützung der Abfertigung durch Personal in den Stationen die Pünktlichkeit insbesondere in den Hauptverkehrszeiten erhöht werden. Können durch die Anordnung von Bahnsteigtüren Gefährdungen durch im Bahnsteigbereich in die Gleise fallende Personen ausgeschlossen werden, ist auch eine höhere Einfahrgeschwindigkeit von Zügen möglich.

- *Optimierung des Betriebsprogramms:* Ein Ansatz der Erhöhung der Leistungsfähigkeit über das Betriebsprogramm eines Schienenverkehrssystems ist die Reduktion der Verkehrs- und Betriebshaltezeiten. Dies geschieht zum Beispiel durch im Rahmen der Dispositionsstrategie getroffene Entscheidungen zum Haltentfall im Falle betrieblicher Störungen. Ein weiterer Ansatz ist die Umsetzung bedarfsgerechter Haltezeiten. Im Fahrplan sind theoretische Haltezeiten für jede Station mit einer geschätzten durchschnittlichen Fahrgastwechselzeit vordefiniert. Die tatsächlichen Fahrgastwechselströme sind jedoch nicht regelmäßig und zum Teil unvorhersehbar. Infolgedessen können sich theoretische Haltezeiten als unzureichend erweisen, d. h. sie werden gegenüber den tatsächlichen Fahrgastströmen unter- oder überschätzt. Im Falle einer zu kurzen Haltezeit im Verhältnis zur Fahrgastmenge auf dem Bahnsteig drängeln die Fahrgäste entweder beim Einsteigen in den Zug, was zu Tür- und Betriebsstörungen führen kann, oder die Fahrgäste warten auf den nächsten Zug. Umgekehrt warten die Fahrgäste bei zu langer Haltezeit an Bord, bis der Zug die Türen schließt und vom Bahnhof abfährt (Leveque 2020). Als weiterer Ansatz können heterogene Betriebsprogramme harmonisiert werden, um eine höhere Leistungsfähigkeit der Strecke zu erreichen. Ein Beispiel hierfür ist neben der Angleichung unterschiedlicher Zuggeschwindigkeiten die Bündelung von Trassen von Zügen unterschiedlicher Fahrtrichtung bei eingleisiger Betriebsführung, bzw. die Zusammenfassung der Zugtrassen von Zügen gleicher Geschwindigkeit. Allerdings ist dieser Ansatz wegen der in der Regel zweigleisigen Betriebsführung und der oftmals überwiegend homogenen Struktur der Fahrzeugflotte bei leistungsfähigen städtischen Schienenverkehrssystemen eher theoretischer Natur. Ein weiterer Ansatz eines optimalen Betriebsprogramms ist die Umsetzung eines bedarfsgerechten Fahrzeugeinsatzes. Die Überwachung der Auslastung von Stationen und Zügen erfolgt oftmals mittels Videoüberwachung oder durch Sicherheitspersonal. Die Entwicklung der Passagierströme anhand von Daten technischer Systeme, die zur Personenzählung dienen, erfasst und analysiert werden. Dazu gehören stereoskopische Kameras (3D-Sensoren), Videoüberwachungssysteme (CCTV-Kameras) und Ticketdrehkreuze. Der Betreiber kann diese Ist-Daten nutzen, um z. B. weitere Züge in das Netz einzubringen oder alternativ Züge zu Netzabschnitten mit mehr Transportbedarf umzuleiten (Pancini Fitzek et al. 2021).

- *Einsatz leistungsfähiger Zugsicherungssysteme:* Kontinuierlich wirkende bidirektionale Zugbeeinflussungssysteme (Communications-Based Train Control, CBTC) nehmen in der Erhöhung der Leistungsfähigkeit einer Strecke eine zentrale Rolle ein. Den größten Einfluss hat hierbei, dass ein Übergang von einem Fahren im festen Raumabstand (englisch: *fixed block*) zu einem Fahren im wandernden Raumabstand (englisch: *moving block*) möglich wird. Darüber hinaus wirkt sich die Sicherungslogik der Fahrstraßensicherung ebenfalls positiv auf die Leistungsfähigkeit aus. Beispiele hierfür sind die für die Fahrstraßenbildung und -auflösung erforderlichen Zeiten. Diese können insbesondere durch einzelelementweises Auflösen der Fahrstraße maßgeblich reduziert werden (Zoeller 2002). Außerdem ermöglichen Nachrücksignale die Vorbeifahrt des Folgezuges bereits nach dem Räumen eines Teils des Bahnsteigs vom vorausfahrenden Zug (Adler et al. 1981). Gleiswechselbetrieb bezeichnet die vollwertige Signalisierung der Streckengleise in beiden Fahrtrichtungen. Bei vollausgebauten Strecken ist die Blockteilung in beiden Gleisen und Richtungen identisch. Damit bieten beide Gleise unabhängig von der Fahrtrichtung dieselbe Leistungsfähigkeit. In der Vergangenheit wurden zahlreiche Strecken für die Fahrten entgegen der gewöhnlichen Fahrtrichtung mit weniger oder ganz ohne zwischenliegende Blockabschnitte ausgerüstet. Dem geringeren Aufwand bei Einrichtung und Instandhaltung steht dann jedoch insbesondere im Störungsfall bei Sperrung eines Gleises oder bei Bauarbeiten eine deutliche Reduzierung der Leistungsfähigkeit gegenüber.

• *Automatisierung der Betriebsführung:* Durch den Einsatz einer automatischen Fahr- und Bremssteuerung können Fahrzeitschwankungen des menschlichen Fahrers eliminiert werden. Die automatische Fahr- und Bremssteuerung steht hierbei in engem Zusammenhang mit einer vorausschauenden Disposition, da abhängig von der Betriebssituation die für den Zug optimale Fahrstrategie ausgewählt werden kann. Des Weiteren werden Belegungskonflikte frühzeitig erkannt und durch angemessene Dispositionsstrategien frühzeitig gelöst.

1.2   Vorteile automatisierter Schienenverkehrssysteme

Automatisierte Zugbeeinflussungssysteme vereinen die im vorherigen Abschnitt dargestellten Beiträge leistungsfähiger Zugsicherungssysteme und der automatisierten Betriebsführung in einem ganzheitlichen Systemansatz. Vom Einsatz automatisierter Zugbeeinflussungssysteme erhoffen sich die Betreiber von Stadtschnellbahnen mehrere positive Effekte. Diese werden nachfolgend dargestellt.

Automatisierte Zugbeeinflussungssysteme ermöglichen eine *Steigerung der Leistungsfähigkeit* ihrer Strecken und sind damit die Grundlage für die *Erhöhung der Beförderungskapazität*. Durch die kontinuierliche Überwachung der zulässigen Fahrweise der Züge können aktuell bei konventionellen Signalsystemen bestehende Durchrutschwege verkürzt werden, weil das automatisierte Zugbeeinflussungssystem das Fahrzeug eine Zielbremsung auf den jeweiligen Gefahrpunkt (beispielsweise eine nicht in Endlage gesicherte Weiche oder das Ende eines vorausfahrenden Zuges) überwacht. Hierdurch entfallen bei den Zugfolgezeiten Zeitanteile und die Leistungsfähigkeit der Strecke steigt entsprechend. Können Fahrzeuge einander im wandernden absoluten Bremswegabstand folgen, können Zugfolgezeiten weiter reduziert und die Leistungsfähigkeit von Strecken weiter erhöht werden. Der Kapazitätsgewinn kann durch ein Sperrzeitenbild verdeutlicht werden. Sperrzeiten sind hierbei diejenigen Zeiten, in welcher der Fahrwegabschnitt durch eine Fahrt betrieblich beansprucht ist (Pachl 2016). Die Sperrzeit eines Gleisabschnitts wird durch zwei Zeitpunkte begrenzt. Dies ist zum einen der Zeitpunkt, zu dem der Gleisabschnitt frei sein muss, damit der Fahrzeugführer keine Bremsung einleitet. Dies ist zum anderen der Zeitpunkt, zu dem der Zug den Gleisabschnitt wieder für eine andere Zugfahrt freigibt.

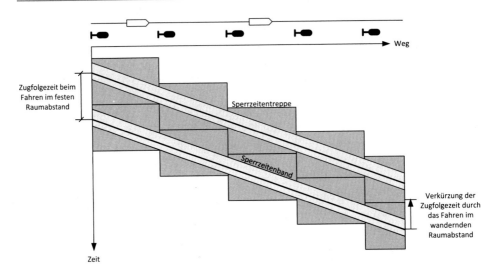

Abb. 1.2 Verkürzung der Zugfolgezeiten durch den Übergang vom Fahren im festen Raumabstand zum Fahren im wandernden Raumabstand (in Anlehnung an Pachl 2016)

Beim Fahren im festen Raumabstand (das heißt bei konventionellen Zugbeeinflussungs-systemen) nimmt das Sperrzeitenbild die Form einer *Sperrzeitentreppe* an. Die dichteste Zugfolge wird durch die Berührung der Sperrzeitentreppen vorgegeben. Mit CBTC-Systemen wird das Fahren im absoluten Bremswegabstand (wandernder Raumabstand) möglich. Hier geht die treppenförmige Darstellung des Sperrzeitenbildes in ein Sperr-zeitenband über (Büker et al. 2019). Da wesentliche Sperrzeitenanteile (dunkelgrau) ent-fallen, können die Züge einander nun in dichteren Zeitabständen folgen (Abb. 1.2).

Automatisierte Zugbeeinflussungssysteme ermöglichen eine *Qualitätssteigerung.* Durch den Einsatz automatisierter Schienenverkehrssysteme kann aus Sicht der Fahrgäste die Qualität des Verkehrsangebotes erhöht werden. Hier wirken sich im Sinne eines um-fassenden Verständnisses der Dienstleistungsqualität (vgl. DIN EN 13816:2002) ver-schiedene Hebel aus:

- Die Vollautomatisierung des Betriebes erlaubt durch den Verzicht auf den Fahrer eine *Ausweitung der Betriebszeiträume.* In Ballungsgebieten kann nunmehr eine Verkehrs-bedienung rund um die Uhr erfolgen.
- Durch die kürzeren Zugfolgezeiten werden *kürzere Fahrplantakte* möglich. Dies wirkt sich über kürzere Wartezeiten an den Stationen positiv auf kürzere Reisezeiten für die Fahrgäste aus.
- Aus der höheren Kapazität (mehr Fahrten pro Stunde und Fahrtrichtung) resultiert bei gleichbleibender Nachfrage ein *besseres Platzangebot* in den Fahrzeugen. Bestenfalls wird die Sitzplatzverfügbarkeit erhöht. In den Stoßzeiten kann zumindest die pro Fahr-gast verfügbare Stehfläche erhöht werden.

- Die Automatisierung fördert die *Pünktlichkeit und Stabilität der Betriebsabwicklung* durch die folgenden Aspekte:
  - *Elimination interner Störfaktoren wie Fahrzeitschwankungen*: Die Automatisierung der Zugfahrt führt zu vorhersagbaren Fahrzeiten zwischen den betrieblichen Halten, da die Variationen der Geschwindigkeit durch den menschlichen Fahrer beseitigt werden.
  - *Elimination externer Störfaktoren*: Ein höher automatisierter Betrieb mit dem automatischen Öffnen und Schließen der Türen in den Stationsbereichen reduziert die oftmals durch verlängerte Haltestellenaufenthaltszeiten hervorgerufenen Verspätungen im Linienverlauf. Oftmals verlängern sich die Haltestellenaufenthaltszeiten, da noch in letzter Sekunde Fahrgäste in das Fahrzeug treten und den automatischen Türschließvorgang verzögern. Außerdem kann in großen Netzen eine große Schwankung der zu- und aussteigenden Fahrgäste beobachtet werden. Dies ist beispielsweise typisch für Stationen mit einer intermodalen Vernetzung mit Fernbahnsystemen, wenn beispielsweise kurz zuvor ein voll besetzter Fernbahnzug angekommen ist.
  - *Schaffung von Kapazitätsreserven*: In der Regel wird die theoretisch mögliche Leistungsfähigkeit (und damit die Kapazität) automatisierter Zugsicherungssysteme im Vergleich zu konventionellen Signalsystemen (so genannter *design headway* im Sinne einer technisch möglichen kürzesten Zugfolgezeit) im täglichen Betrieb nicht voll ausgeschöpft (*operational headway* im Sinne der in der Fahrplanung berücksichtigten Zugfolgezeit). Daraus resultiert eine nicht ausgeschöpfte Streckenleistungsfähigkeit. Diese Reserve sorgt dafür, dass bestehende Störungen im Betrieb wieder abgebaut werden können. Darüber hinaus können durch die Reduktion interner und externer Störfaktoren (vgl. die beiden Punkte zuvor) möglicherweise im Fahrplan berücksichtigte Regelzuschläge auf die Fahrzeiten (Pachl 2016) entfallen.

Automatisierte Zugbeeinflussungssysteme ermöglichen eine *Flexibilisierung des Ressourceneinsatzes*. In der höchsten Ausbaustufe des unbegleiteten fahrerlosen Betriebs (unmanned train operation, UTO) gelingt eine vollständige Entkoppelung des Fahrzeugeinsatzes von der Personalumlaufplanung (Schnieder 2018). Fahrzeugeinheiten können somit der aktuellen Verkehrsnachfrage folgend flexibel ein- und ausgesetzt werden. Somit folgt die tatsächlich im Betrieb eingesetzte Kapazität (ausgedrückt als Produkt aus dem Fahrzeugeinsatz pro Stunde und der möglichen Fahrgastkapazität der im Betrieb eingesetzten Fahrzeugeinheiten) optimal der tatsächlichen Verkehrsnachfrage. Dies ist beispielhaft in Abb. 1.3 dargestellt. Es wird stets ausreichend Kapazität vorgehalten. Außerdem werden bei abnehmender Nachfrage unnötige Leerfahrten der Fahrzeuge vermieden (Rumsey 2010).

Automatisierte Zugbeeinflussungssysteme können die *Sicherheit* der Betriebsabwicklung erhöhen. Die Automatisierung von Schienenverkehrssystemen führt zu einem Sicherheitsgewinn. Da der Mensch aus der Sicherheitsverantwortung im Regelbetrieb herausgenommen wird, können menschliche Fehler ausgeschlossen werden.

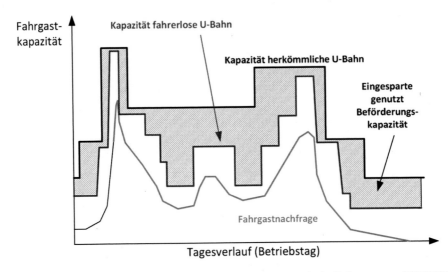

Abb. 1.3 Flexibilisierung des Ressourceneinsatzes durch automatische Bahnsysteme (VDV 2010)

Automatisierte Zugbeeinflussungssysteme erhöhen die *Wirtschaftlichkeit* der Betriebsabwicklung. Maßgeblich hierfür sind die Lebenszykluskosten (Life Cycle Costs, LCC). Grundsätzlich müssen bei der Beschaffung von Zugsicherungssystemen die Beschaffungskosten (Capital Expenditure, CAPEX) und die Betriebskosten (Operational Expenditure, OPEX) sorgfältig gegeneinander abgewogen werden. So können über die lange Betriebszeit der signaltechnischen Infrastruktur geringere Betriebskosten gegebenenfalls ursprünglich höhere Investitionskosten aufwiegen.

- Grundsätzliche Vorteile automatisierter Zugbeeinflussungssysteme liegen in einer deutlich *geringen Zahl an Außenanlagenelementen* (beispielsweise durch den Verzicht auf ortsfeste Signale und eine deutliche Reduktion der Anzahl der streckenseitig erforderlichen Gleisfreimeldesysteme). Dies vereinfacht die Durchführung von Instandhaltungsaktivitäten in den kurzen nächtlichen Sperrpausen.
- Automatisierte Zugbeeinflussungssysteme ermöglichen eine *energiesparende Fahrweise.*
- Bei vollständiger Automatisierung des Betriebs entfallen *Personalkosten* für die Fahrer auf den Fahrzeugen. Dieser Effekt wird durch möglicherweise zusätzliches Personal in den Stationen für die Fahrgastbetreuung gegebenenfalls wieder teilweise kompensiert.
- Die Automatisierung von Kehrfahrten an Endhaltestellen reduziert den hierfür erforderlichen Zeitbedarf und kann die *Zahl der betrieblich erforderlichen Fahrzeuge* reduzieren (Rumsey 2010). Dies hat einen Einfluss sowohl auf die Kapitalkosten als auch auf die Betriebskosten der Fahrzeugflotte.
- Durch eine gegebenenfalls höhere Kapazität und eine durch gestiegene Attraktivität höhere Nachfrage können möglicherweise *zusätzliche Fahrgelderlöse* erwirtschaftet werden.

Als Käufer*in dieses Buches können Sie kostenlos unsere Flashcard-App „SN Flashcards" mit Fragen zur Wissensüberprüfung und zum Lernen von Buchinhalten nutzen.

1. Gehen Sie bitte auf https://flashcards.springernature.com/login und
2. erstellen Sie ein Benutzerkonto, indem Sie Ihre Mailadresse angeben und ein Passwort vergeben.
3. Verwenden Sie den folgenden Link, um Zugang zu Ihrem SN Flashcards Set zu erhalten: https://go.sn.pub/1axIDX

Sollte der Link fehlen oder nicht funktionieren, senden Sie uns bitte eine E-Mail mit dem Betreff „SN Flashcards" und dem Buchtitel an customerservice@springernature.com

Literatur

Adler G et al (Hrsg) (1981) Lexikon der Eisenbahn, 6. Aufl. VEB Verlag für Verkehrswesen, Berlin

Büker T, Grafagnino T, Hennig E, Kuckelberg A (2019) Enhancement of blocking-time theory to represent future interlocking architectures. In: RailNorrköping 2019 – 8th International Conference on Railway Operations Modelling and Analysis (ICROMA), Norrköping, S 219–240

DIN EN 13816:2002. Transport – Logistik und Dienstleistungen – Öffentlicher Personenverkehr; Definition, Festlegung von Leistungszielen und Messung der Servicequalität; Deutsche Fassung EN 13816:2002

Leveque O (2020) Nachfragebasierte Verkehrslenkung in CBTC für ein besseres Fahrgasterlebnis. Signal + Draht 112(4):13–20

Pachl J (2016) Systemtechnik des Schienenverkehrs – Bahnbetrieb planen, steuern und sichern. Springer Vieweg, Wiesbaden

Pancini Fitzek T, Fabian J, Hartmut H (2021) Fahrgäste, Stationen & Züge im Mittelpunkt – bedarfsgerechter Betrieb während COVID-19 und darüber hinaus. Signal + Draht 113 (1+2):6–11

Rumsey A (2010) Semi-automatic, driverless and unattended operation of trains. Signal + Draht 102(3):43–46

Schnieder L (2018) Betriebsplanung im öffentlichen Personennahverkehr – Ziele, Methoden, Konzept. Springer, Berlin

United Nations, Department of Economic and Social Affairs, Population Division (2015) World urbanization prospects: the 2014 revision, (ST/ESA/SER.A/366)

VDV (2010) 2010: Nachhaltiger Nahverkehr, Bd 1. VDV, Köln

Zoeller H-J (2002) Handbuch der ESTW-Funktionen. Die Sicherungsebene im elektronischen Stellwerk. Tetzlaff, Hamburg

Systemkomponenten und Umsysteme automatischer Zugbeeinflussungssysteme

2

Automatische Zugbeeinflussungssysteme (Automatic Train Control, ATC) werden bei den Verkehrsunternehmen bei Neuanlagen von Beginn an in eine zeitgleich aufgebaute Systemlandschaft integriert. Bei bestehenden Anlagen müssen automatische Zugbeeinflussungssysteme in die Landschaft bereits bestehender Steuerungssysteme integriert werden. Dieses Kapitel zeigt auf, wie automatische Zugbeeinflussungssysteme mit ihren Umsystemen in Beziehung stehen. In diesem Kapitel werden zunächst die Systemkomponenten automatischer Zugbeeinflussungssysteme erläutert (vgl. Abschn. 2.1). Anschließend werden die Schnittstellen zu den Umsystemen beschrieben (vgl. Abschn. 2.2). Es wird dargestellt, welche Informationen sie von diesen empfangen und welche Informationen sie an diese ausgeben. Diese technischen Abhängigkeiten müssen bei der Erstellung von Lastenheften für automatische Zugbeeinflussungssysteme mit berücksichtigt werden.

2.1 Systemkomponenten automatischer Zugbeeinflussungssysteme

Automatische Zugbeeinflussungssysteme bestehen aus fahrzeug- und streckenseitigen Komponenten. Die grundlegende Architektur ist in Abb. 2.1 dargestellt. Zum besseren Verständnis der folgenden Ausführungen werden vier zentrale Grundbegriffe für wesentliche Funktionsblöcke den Ausführungen dieses Abschnitts vorangestellt:

© Springer-Verlag GmbH Deutschland, ein Teil von Springer Nature 2022
L. Schnieder, *Communications-Based Train Control (CBTC)*,
https://doi.org/10.1007/978-3-662-65285-5_2

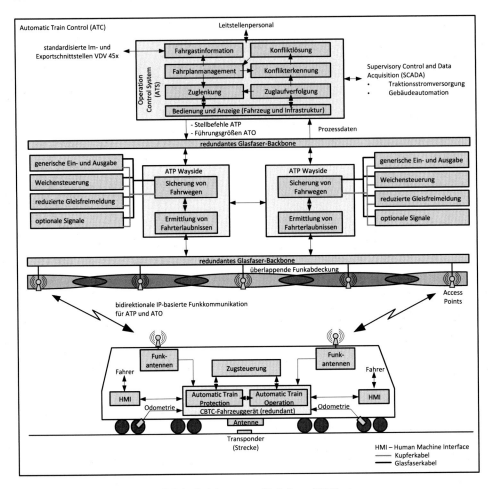

Abb. 2.1 CBTC Systemüberblick in Anlehnung an (Brückner 2017)

- *Automatic Train Control (ATC):* Dieser Begriff bezeichnet das technische System, welches einer automatisierten Betriebsführung dient, also sowohl eine sichere Fahrweise der Fahrzeuge erzwingt, als auch den Betrieb steuert. Ein ATC umfasst zwingend Automatic Train Protection (ATP) und kann in Abhängigkeit der Automatisierungsgrade zusätzliche Funktionsbausteine wie Automatic Train Operation und/oder Automatic Train Supervision (ATS) umfassen (IEEE 1474.1-1999). In Abb. 2.1 wird dieser umfassende Begriff durch die äußere Box im Schaubild dargestellt.
- *Automatic Train Protection (ATP):* Teilsystem des ATC-Gesamtsystems, welches den signaltechnisch sicheren Schutz vor Kollisionen, Entgleisungen und anderen Gefährdungen sicherstellt. Wesentliche Funktionen sind hierbei die Sicherung der Fahrwege, die Ortung der Fahrzeuge sowie die Abstandsregelung. Anteile dieses Funktionskomplexes befinden sich sowohl an der Infrastruktur (ATP wayside) als auch

auf dem Fahrzeug (ATP onboard). Basiert die Datenübertragung zwischen Fahrzeug und Strecke auf drahtloser Kommunikation (Funk), spricht man in der Regel von einem *Communications-Based Train Control System (CBTC)*.

- *Automatic Train Operation (ATO):* Teilsystem des ATC-Gesamtsystems, welches üblicherweise vom Fahrer ausgeführte Tätigkeiten übernimmt (unter anderem Geschwindigkeitsregelung, Zielbremsung im Haltestellenbereich und Türsteuerung in den Stationsbereichen). Für eine optimale Betriebsabwicklung empfängt dieses fahrzeugseitige Teilsystem streckenseitige Vorgaben aus dem Teilsystem ATS (IEEE 1474.1-1999).
- *Automatic Train Supervision (ATS):* Teilsystem des ATC-Gesamtsystems, welches die Züge überwacht und gegebenenfalls Vorgaben an die ATO-Komponente gibt, so dass der Fahrplan eingehalten wird. Im Falle schwerwiegender Störungen im Betriebsablauf wird die optimale Dispositionsstrategie ermittelt und durch Vorgabe angepasster Führungsgrößen (bspw. veränderte Laufwege oder entfallende Stationshalte) an die Fahrzeuge im Betrieb umgesetzt (IEEE 1474.1-1999).

2.1.1 Fahrzeugseitige Ausrüstung (ATP onboard und ATO onboard)

Die Fahrzeugeinrichtung umfasst die folgenden Komponenten, welche aus Gründen der Verfügbarkeit in der Regel zweimal auf dem Fahrzeug vorgesehen sind:

- Der *Fahrzeugrechner für die Automatic Train Protection (ATP)* ist das zentrale Element der Fahrzeugausrüstung (vgl. Abb. 2.1). Als signaltechnisch sicheres System ist jeder der Fahrzeugrechner mindestens zweikanalig ausgeführt. Ein zentrales Element des ATP-Fahrzeuggeräts ist der Streckenatlas. Der Streckenatlas umfasst die erforderlichen Angaben zu relevanten Streckendaten wie Positionen der Transponder und Weichen, Haltepunkte, Gradienten und Streckengeschwindigkeiten (vgl. Darstellung des Streckenatlasses in Abb. 2.2). Da auch in der Streckeneinrichtung ein korrespondierender Streckenatlas vorliegt führt dies zu einer vereinfachten Kommunikation zwischen ATP-Fahrzeug- und -Streckeneinrichtung. Da alle Entfernungen eindeutig auf Ortsreferenzpunkte (Transponder) bezogen sind, kann sich die Kommunikation zwischen Fahrzeug und Strecke auf die Übertragung von Koordinaten (Ende der Fahrterlaubnis oder Positionsmeldung des Fahrzeugs) beschränken. Im Gegensatz zu anderen Zugbeeinflussungssystemen wie dem European Train Control System (ETCS) muss über das Ende der Fahrterlaubnis hinaus kein vollständiges statisches Geschwindigkeits- und Gradientenprofil von der Strecke zum Fahrzeug übertragen werden. Auf Grundlage der im Streckenatlas auf dem Fahrzeug vorhandenen Informationen erfolgt durch das Fahrzeuggerät die Überwachung der zulässigen Geschwindigkeit sowie die Überwachung der von der Streckeneinrichtung ermittelten Fahrterlaubnis (Automatic Train Protection, ATP).
- Der *Fahrzeugrechner für die Automatic Train Operation (ATO)* ist die Fahrzeugkomponente, welche der Automatisierung der Betriebsabwicklung dient. Einfache Automatisierungsaufgaben umfassen die automatische Fahr- und Bremssteuerung zur Umset-

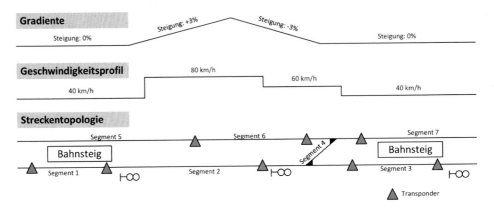

Abb. 2.2 Streckenatlas als gemeinsames Koordinatensystem für Strecken- und Fahrzeugeinrichtungen

zung einer von der Leittechnik (Automatic Train Supervision, ATS) vorgegebenen optimalen Fahrstrategie. Darüber hinaus bietet dieser Fahrzeugrechner die Möglichkeit, den Zug in verschiedenen Automatisierungsgraden bis hin zum vollautomatischen fahrerlosen Zugbetrieb zu betreiben.

- *Zugsteuerungs- und Managementsystem (Train Control and Management System, TCMS):* Sowohl das ATP-Fahrzeuggerät als auch das ATO-Fahrzeuggerät müssen mit anderen Teilsystemen des Zuges Daten austauschen. Dies betrifft insbesondere die die Brems- und Antriebskomponenten sowie die Türsteuerung. In modernen Fahrzeugarchitekturen sind die verschiedenen Fahrzeugteilsysteme über ein Zugkommunikationsnetz (Train Communication Network, TCN) miteinander vernetzt, welches sich durch eine hohe Zuverlässigkeit und kurze Reaktionszeiten auszeichnet. Hierbei können zur Anbindung verschiedener Teilsysteme unterschiedliche auf den Fahrzeugen vorhandene Schnittstellentechnologien wie Wired Train Bus (WTB), Multifunction Vehicle Bus (MVB), Controller Area Network (CAN), serielle Verbindungen und Ethernet unterstützt werden.

- *Führrerstandssignalisierung (Human Machine Interface, HMI):* Hierüber erhält der Fahrer - sofern im betreffenden Automatisierungsgrad noch vorhanden - die Möglichkeit zur Bedienung und Anzeige. Der Fahrer erhält durch die Führerstandssignalisierung alle für die Betriebsabwicklung relevanten Informationen wie beispielsweise die maximal zulässige Geschwindigkeit, die aktuelle Geschwindigkeit des Fahrzeugs, den Schließzustand der Türen, die räumliche Ausdehnung der vorliegenden Fahrerlaubnis sowie möglicherweise vorliegende Störungsmeldungen des Zugbeeinflussungssystems. Zusätzlich können auch Fahrplaninformationen auf dem Display dargestellt werden, um den Fahrer über den weiteren Fahrtverlauf zu informieren (Harborth 2019). Hierfür sendet die Leittechnik bei jeder Änderung (Zugnummernwechsel, Änderung der Stationen, Änderung von Abfahrtszeiten) den individuellen Fahrplan an den Zug. Zusätzlich können für die Stationsgleise zusätzliche Attribute angezeigt werden (Endstation der Fahrt, letzte Passagierstation der Fahrt, Station mit geplantem Kuppeln von Zügen, Station mit geplantem Trennen gekuppelter Züge, auszulassende Station wegen Haltentfall aus dispositiven Gründen). Die Anzeigefunktion kann durch zusätzliche

akustische Alarme für den Fahrer unterstützt werden. Im Falle eines fahrerlosen Zugbetriebs (Automatisierungsgrade 3 oder 4) wird für die Bedienung des Fahrzeugs im
Störungsfall in der Regel ein vereinfachter Notführerstand vorgesehen.

- *Bedienelemente (Schalter, Taster und Leuchtmelder):* Weitere im Führerstand vorhandene Bedienelemente umfassen Taster für die Quittierung von Alarmen und sicherheitsrelevanten Bedienhandlungen des Fahrers, sofern für den betreffenden Automatisierungsgrad relevant. Ein Beispiel für eine betriebliche Situation, welche die
Quittierung des Fahrers benötigt, ist der Übergang in eine Betriebsart mit geringerem
Umfang an Überwachungsfunktionen. Bei halb automatischen Systemen ist außerdem
ein Taster zur Beendigung der Abfertigung des Fahrzeugs im Stationsbereich vorgesehen. Nach dessen Aktivierung beschleunigt das Fahrzeug automatisch aus dem Stationsbereich. Für den Störungsfall ist auf dem Fahrzeug ein Störschalter vorzusehen,
mittels dessen das Fahrzeuggerät überbrückt werden kann. Auf diese Weise werden die
Sicherheitsfunktionen des Fahrzeuggeräts bewusst umgangen, so dass ein gestörtes
Fahrzeug unter der vollständigen Sicherheitsverantwortung des Betriebspersonals den
Streckenbereich verlassen kann.

2.1.2 Streckenseitige Ausrüstung (ATP wayside)

Hinsichtlich der Systemarchitektur können bei der streckenseitigen Einrichtung unterschiedliche Systemvarianten unterschieden werden. Hierbei kann es sich entweder um eine
Systemarchitektur handeln, bei der einem konventionellen Stellwerk ein CBTC-System
überlagert ist (Overlay System). Alternativ kann es sich um eine vollintegrierte CBTC-Ein-
richtung handeln, bei der die Fahrwegsicherung durch das CBTC-Streckengerät übernommen wird. Die streckenseitige Ausrüstung besteht aus den folgenden Komponenten:

- *Transponder:* Diese sind in der Regel nur passiv als Ortungsreferenzpunkte im Gleis
montiert und übertragen lediglich eine Referenzinformation für die Synchronisierung
der Weg- und Geschwindigkeitsmessung des Fahrzeugs. Alternativ können die Transponder bei geringeren Automatisierungsgraden (beispielsweise im nicht automatisierten Zugbetrieb) als schaltbare Komponenten ausgeführt sein, welche veränderliche
Datentelegramme an die Fahrzeuge übertragen. In diesem Fall können sie Fahrbefehle
an das Fahrzeug übermitteln.
- *Einrichtungen zum Steuern und Überwachen beweglicher Fahrwegelemente:* Insbesondere Weichen müssen für die Zugfahrt in die korrekte Endlage gebracht werden und
diese für die Zeitdauer ihrer Befahrung aufrechterhalten. Das Verlassen der Endlage
muss sicher erkannt und gemeldet werden.
- *Einrichtungen zum Steuern und Überwachen der sekundären Gleisfreimeldung:* Im Regelbetrieb ergibt sich die Gleisfreimeldung aus der Kenntnis der Zugvollständigkeit in
Verbindung mit der Zugposition in der CBTC-Streckenzentrale. Dies wird auch als
primäre Gleisfreimeldung bezeichnet. Für die betriebliche Abwicklung einer Störung

ist es sinnvoll, eine reduzierte Gleisfreimeldung mit konventionellen Gleisfreimeldesystemen (beispielsweise Achszähler) vorzusehen. Dies wird auch als *sekundäre
Gleisfreimeldung* bezeichnet. Abb. 2.3 zeigt ein Montagebeispiel von Achszählsenso-
ren im Gleis.

- *Einrichtung zum Steuern und überwachen (reduzierter) ortsfester Signale:* Je nach ge-
wählter betrieblicher Rückfallebene kommen Signale zum Einsatz, über die Fahrten
nicht mit CBTC-Fahrzeuggeräten ausgerüsteten Fahrzeugen zugelassen werden können. Für Fahrten mit CBTC-Fahrzeuggeräten ausgerüsteten Zügen sind ortsfeste Signale nicht mehr erforderlich, weil hier eine Führerstandssignalisierung konsequent umgesetzt wurde. Einige Betreiber fordern eine gegebenenfalls eine reduzierte ortsfeste
Signalisierung, da in der Übergangsphase ein Mischbetrieb mit nicht ausgerüsteten
Altfahrzeugen erforderlich ist, oder Vorkehrungen für einen Betrieb auf der Rückfallebene im Falle bspw. eines gestörten Funksystems getroffen werden sollen.
- *Einrichtungen zum Einlesen und zur Ausgabe diskreter digitaler Signale:* Es müssen
verschiedene Zustandsgrößen externer Systeme mit in sicherungstechnische Abhängigkeiten eingebunden werden. Ein Beispiel hierfür ist das sichere Rücklesen des Zu-
stands eines beweglichen Wehrtores. Basierend hierauf werden Fahrten zugelassen
(Wehrtor offen) oder verhindert (Wehrtor geschlossen).
- *CBTC-Streckenzentrale:* Die CBTC-Streckenzentrale stellt elementare sicherungstechnische Abhängigkeiten her wie beispielsweise Flankenschutz zwischen benachbarten
Weichen. Je nach Systemkonfiguration wird dies gegebenenfalls auch noch durch ein
reduziertes Stellwerk technisch realisiert. Des Weiteren überwacht die CBTC-
Streckenzentrale die Zugbewegungen in ihrem Stellbereich. Die Fahrzeuge senden regelmäßige auf einen streckenseitigen Referenzpunkt (Transponder) bezogene Positionsmeldungen an die Streckenzentrale. Hierbei dient der sowohl strecken- als auch
fahrzeugseitig verwendete Streckenatlas als gemeinsames Koordinatensystem. Basie-

Abb. 2.3 Sensoren eines Achszählsystems für die sekundäre Gleisfreimeldung. (Quelle: Frauscher
Sensortechnik GmbH)

rend auf den Zugpositionen, Gefahrenpunkten und Restriktionen des Zugleitsystems berechnet die Streckeneinrichtung für Züge in ihrem Stellbereich zyklisch neu die jeweilige Fahrerlaubnis und überträgt diese per Funk auf die Fahrzeuge. Zudem wird die Übergabe und Übernahme von Zügen zu benachbarten Streckeneinrichtungen geregelt. Ebenso werden Einfahrten in den, bzw. Ausfahrten aus dem Überwachungsbereich des CBTC-Systems technisch gesichert. Ebenfalls obliegt der Streckeneinrichtung die Behandlung von Zügen mit technischen Störungen wie beispielsweise einem Kommunikationsverlust oder die Einfahrt von nicht ausgerüsteten Zügen (beispielsweise Wartungsfahrzeuge) in den durch CBTC überwachten Bereich.

2.1.3 Datenkommunikationssystem

Das Datenkommunikationssystem hat die Aufgabe, eine verlässliche, bidirektionale Kommunikation zwischen allen fahrzeug- und streckenseitigen CBTC-Subsystemen bereitzustellen. Da über die Funkverbindung sicherheitsrelevante Daten übertragen werden, muss die Kommunikation über offene Netze mit geeigneten Kommunikationsprotokollen abgesichert werden. Die eingesetzten Kommunikationsprotokolle müssen durch geeignete Sicherheitsmechanismen einen wirksamen Schutz unter anderem gegen Wiederholung, Auslassung, Einfügung, Resequenzierung, Verfälschung, Verzögerung und Manipulation bieten (vgl. DIN EN 50159:2011). Die Auswahl des für den jeweiligen Anwendungsfall geeigneten Kommunikationssystems sollte die folgenden Kriterien berücksichtigen:

* *Realisierung einer lückenlosen bidirektionalen Funkabdeckung:* Hierfür muss die Reichweite der Access Points bedacht werden, um eine kontinuierliche Verbindung von Fahrzeugen in Tunneln, in Einschnitten, auf Viadukten und auf ebenerdiger Strecke zu ermöglichen. Außerdem muss berücksichtigt werden, dass man es im Schienenverkehr mit beweglichen Objekten zu tun hat. Es muss also auch bei höheren Geschwindigkeiten ein nahezu verlust- und verzögerungsfreier Handover zwischen den Access Points realisiert werden (Schienbein 2018).
* *Verfügbarkeit:* Für eine ausreichende Verfügbarkeit werden die Access Points in der Regel an redundante Glasfasernetze angeschlossen und über unterschiedliche Stromkreise mit der erforderlichen Betriebsspannung versorgt.
* *Ausreichende Bandbreiten:* Es müssen ausreichende Bandbreiten vorgehalten werden, um mindestens die sicherheitsrelevanten Steuerungsinformationen zwischen Strecke und Fahrzeug zu übertragen. Darüber hinaus ergeben sich möglicherweise weitere Bandbreitenbedarfe durch andere Dienste. Beispiele hierfür sind Führungsgrößen für die automatische Fahr- und Bremssteuerung (Automatic Train Operation, ATO) oder die Fahrgastinformationen auf dem Fahrzeug.
* *Garantierte Dienstgüten (Quality of Service, QoS):* Insbesondere bei Mobilfunknetzen wird die verfügbare Bandbreite je nach Anzahl der Teilnehmer, die sich in einer Mobilfunkzelle befinden, aufgeteilt. Dies macht es zum aktuellen Zeitpunkt unmöglich, be-

stimmte Dienstgüten von entsprechenden Services zu garantieren (Schienbein 2018). Wichtig ist auch die Latenzzeit, da sicherheitsgerichtete Reaktionen der Streckeneinrichtung (beispielsweise Einkürzung einer Fahrerlaubnis) kurzfristig auf dem Fahrzeug vorhanden sein müssen.

- *Kosten (total cost of ownership):* Es müssen die Investitionskosten in eine eigene Infrastruktur (Capital Expenses, CAPEX) und laufende Kosten von Mobilfunkbeiträgen (Operational Expenditures, OPEX) gegeneinander abgewogen werden.

- *Zuteilung von Frequenzen:* Im Einzelfall ist für den Einsatz funkbasierter Lösungen die (rechtliche) Verfügbarkeit der Funkfrequenzen mit der jeweils zuständigen nationalen Aufsichtsbehörde abzustimmen.

- *Zukunftssicherheit:* Die Zukunftssicherheit muss beim Datenkommunikationssystem berücksichtigt werden. Aufgrund der kurzlebigen Technologiezyklen der Nachrichtentechnik ist davon auszugehen, dass ein CBTC-System im Verlauf seines Lebenszyklus mit mehreren physikalischen Medien verwendet wird. Daher ist bereits frühzeitig in der Architektur eine spätere Migrationsfähigkeit mit zu bedenken. Dies wird in der Praxis beispielsweise durch die Verwendung des Internetprotokolls, welches grundsätzlich technologieneutral gehalten ist. Dies gestattet einen späteren Wechsel des Kommunikationskanals. Außerdem werden die sicherheitsrelevanten Aspekte der Kommunikation von der bloßen Datenübertragung getrennt. Die Gefährdungsbeherrschung für Gefährdungen wie beispielsweise Vertauschung und Verzögerungen erfolgt in sicheren Rechnern auf den Fahrzeugen (CBTC Fahrzeuggerät), bzw. entlang der Strecke (CBTC Streckengerät). Der dazwischenliegende Kommunikationspfad wird als „grauer Kanal" angesehen. Über diesen kann. Über diesen kann – wegen der Anwendung der Sicherheitsmechanismen nach DIN EN 50159 – auch ohne genaue Kenntnis der konkreten Ausprägung des Datenübertragungskanal eine sichere Kommunikation erfolgen.

Für die Datenkommunikation sind grundsätzlich verschiedene Technologien geeignet. Kam früher konventionelle Linienleitertechnik (englisch: leaky feader) zum Einsatz, haben sich mittlerweile drahtlose Kommunikationssysteme allgemein durchgesetzt. Diese haben den Vorteil, dass sie eine größere Bandbreite haben und einfacher am Gleis verlegt und gewartet werden können. Technologisch können die Datenkommunikationssysteme auf verschiedenen Funkstandards basieren. Nachfolgend werden die unterschiedlichen technischen Möglichkeiten beschrieben.

Terrestrial Trunked Radio (TETRA)
Dieser Funkstandard verdrängt bei Nahverkehrsbetreibern analoge Sprechfunknetze und bietet auch die Möglichkeit zur Datenübertragung. TETRA bietet die Möglichkeit von zentral vermittelten Verbindungen (Trunked Mode Operation, TMO), bei der zwei Endgeräte über eine oder mehrere Basisstationen kommunizieren, wobei die Verwaltung aller Verbindungen in einem Mobile Switching Center (MSC) erfolgt (Geistler und Schwab 2013).

Mobilfunksysteme vierter Generation (LTE, Longterm Evolution) und fünfter Generation (5G)

Mobilfunkkommunikationsnetze der fünften Generation (5G) bieten neben hohen Übertragungsraten von bis zu 10.000 Mbit/s auch die Möglichkeit zu dedizierten Echtzeit-Anwendungen. Insbesondere im Vergleich zu WLAN-basierten Systemen wird kaum noch Aufwand für die Kabelverlegung benötigt und eine nahezu vollständige Reduzierung der Glasfasernetze erreicht. Die gesamte entsprechende IT-Infrastruktur wird verschwinden. Es ist anzunehmen, dass der benötigte Netzausbau in den nächsten Jahren in den Industrieländern erreicht werden wird und CBTC-Systeme mit dieser Technologie betrieben werden können (Eichner und Uhrig 2021).

Wireless Local Area Networks (WLAN)

Drahtlose lokale Netzwerke (Wireless Local Area Networks, WLAN) haben sich in CBTC-Systemen weitgehend durchgesetzt. Abb. 2.4 zeigt exemplarisch die fahrzeug- und streckenseitigen Sende- und Empfangsantennen. Bei W-LAN handelt sich um ein Netz mit verhältnismäßig kurzer Reichweite. Daher können weiträumige Kommunikationsnetze nur durch den Aufbau mehrerer Access Points (Netzwerk-Zugangspunkte) aufgebaut werden. Dies bedeutet, dass sich die Reichweiten benachbarter Access Points überlagern. Auf diese Weise findet der Zug stets während seiner Fahrt entlang der Strecke einen neuen Access Point, mit dem er eine Verbindung aufbauen kann. Ein kritischer Punkt beim Roaming in CBTC-Systemen ist, einen bruchlosen Übergang der Kommunikationsverbindung beim Wechsel von einem Access Point zu einem anderen Access Point zu gewährleisten. Hierbei darf es nicht zu Abbrüchen in der Kommunikation oder zu Verzögerungen kommen. Eine mit Latenzzeiten behaftete Kommunikation zwischen Fahrzeug- und Streckeneinrichtung kann zu einem verspäteten Empfang eines Fahrbefehls führen, so dass der Zug eine unbeabsichtigte Zwangsbremse auslöst. Darüber hinaus werden in

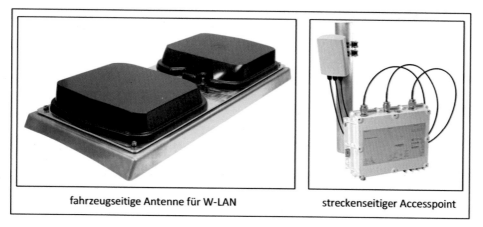

fahrzeugseitige Antenne für W-LAN   streckenseitiger Accesspoint

Abb. 2.4 fahrzeug- und streckenseitige Sende- und Empfangsantennen für W-LAN. (Quelle: Huber + Suhner AG)

CBTC-Systemen oftmals benachbarte Access Points mit unterschiedlichen Frequenzen betrieben, so dass ein Übergang von einem Access Point zum nächsten mit einem Frequenzwechsel verbunden ist. Die wechselnden Frequenzen in Kombination mit einer dichten Folge an vom Fahrzeug passierten Access Points (Die Häufigkeit von Übergängen ergibt sich aus dem Abstand der Access Points und der Geschwindigkeit des Zuges) führt dazu, dass die Handover-Algorithmen stationärer WLAN-Netzwerke unzureichend sind und die Hersteller von CBTC-Systemen für den Betrieb von W-LAN-Netzwerken im sogenannten *Infrastrukturmodus* spezielle Roaming-Algorithmen für CBTC-Systeme entwickelt haben. Im einfachsten Fall funktioniert das in im Infrastrukturmodusbetriebenen W-LAN-Netzen Roaming in im Infrastrukturmodusbetriebenen W-LAN-Netzen wie in Abb. 2.5 dargestellt (Farooq 2018):

- *Schritt 1:* Im Ausgangszustand sind beide zugseitigen Empfangseinrichtungen mit einem streckenseitigen Access Point (n) verbunden. Während der Zug fährt, sucht die Empfangseinrichtung an der Spitze des Zuges nach einem neuen Access Point (n + 1). Sobald eine neue Verbindung mit einem neuen Access Point (n + 1) hergestellt wird, bricht die Empfangseinrichtung am Anfang des Zuges die Verbindung zum vorherigen

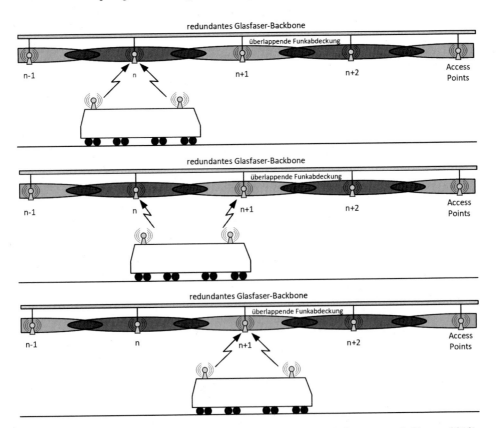

Abb. 2.5 Roaming in drahtlosen Kommunikationsnetzen für CBTC-Systeme nach (Farooq 2018)

Access Point (n) ab. Die Empfangseinrichtung am Ende des Zuges behält die Verbindung zum vorherigen Access Point (n) bei.

- *Schritt 2:* Im nächsten Schritt stellt auch die Empfangseinrichtung am Ende des Zuges eine Verbindung zum Access Point (n + 1) her und bricht die Verbindung zum Access Point (n) ab. Intelligente Roaming-Algorithmen verhindern, dass beide fahrzeugseitigen Empfangseinrichtungen zeitgleich nach den nächsten Access Point an der Strecke suchen.
- *Schritt 3:* Der erste Schritt wird erneut durchgeführt. Die fahrzeugseitige Empfangseinrichtung am Anfang des Zuges baut eine Verbindung zum Access Point (n + 2) auf und bricht die Verbindung zum Access Point (n + 1) ab. Auf diese Weise „hangelt" sich das Fahrzeug von Access Point zu Access Point und behält somit stets eine Funkverbindung bei.

Als alternative zu dem zuvor dargestellten Betrieb einer W-LAN-Infrastruktur im Infrastrukturmodus können die W-LAN-Netze auch im *ad-hoc-Modus* betrieben werden. Hierbei wird eine direkte Funkverbindung zwischen mobilen und ortsfesten Einheiten spontan aufgebaut. Das zuvor dargestellte Roaming kann hierbei entfallen. Allerdings ist hierbei zu betrachten, dass durch das ad-hoc-Prinzip nunmehr Dateninhalte vom Fahrzeug übermittelte Dateninhalte von mehreren streckenseitigen Access Points empfangen werden können. Daher müssen Datenelemente Dedupliziert werden. Bei der Daten-Deduplizierung werden eingehende Datenelemente untersucht und anschließend mit bereits gespeicherten Daten verglichen. Falls bestimmte Daten bereits vorhanden sind, werden diese verworfen. So wird sichergestellt, dass die eingehenden Daten nur einmal verarbeitet werden.

2.1.4 Zugleitsystem (Automatic Train Supervision, ATS)

Die automatische Zugüberwachung übernimmt die vollständige Überwachung einer automatisierten Bahnlinie, wozu die Diagnostik der Streckeneinrichtungen, der Fahrzeuggeräte sowie des Kommunikationsnetzwerkes gehört. Disponenten haben mittels des ATS Eingriffsmöglichkeiten in den Zugbetrieb durch Anpassung beispielsweise von Haltezeiten in den Stationen, den Entfall von Stationshalten oder der Einrichtung temporärer Langsamfahrstellen. Darüber hinaus können über die Komponente ATS auch Zustandsgrößen externer Systeme wie SCADA (Supervisory Control and Data Acquisition) oder Fahrgastinformationssysteme angezeigt werden oder diese Systeme bedient werden. Abb. 2.6 zeigt exemplarisch die Leitstelle der Metro Sao Paulo. Oftmals wird – wie in Abb. 2.6 zu erkennen – das großräumige Betriebsgeschehen für alle Leitstellenmitarbeitende auf Projektionswänden dargestellt. Zusätzlich erhält der Bediener weitere für die sichere Abwicklung des Betriebs notwendige Informationen, wie beispielsweise Bilder von Kameras zur Bahnsteigüberwachung. Dies ist in Abb. 2.6 auf der linken Seite zu erkennen. Das Zugleitsystem (ATS) zielt auf eine Verkehrsabwicklung entsprechend der

Abb. 2.6 Leitstelle der Metro Sao Paulo. (Quelle: Alstom Transport Deutschland GmbH)

Planung, eine Optimierung der Verkehrsqualität insbesondere bei Störungen sowie eine Optimierung des Bahnkundenservice ab. Leitsysteme im hochautomatisierten Nahverkehr sind grundsätzlich modular aufgebaut. Hierbei bauen die verschiedenen Funktionskomplexe aufeinander auf. Die verschiedenen Funktionskomplexe werden nachfolgend beschrieben (Mücke 2005):

- *Bedienen und Anzeigen (englisch: operation and display):* Es werden relevante Systemzustände der Infrastruktur wie Weichenlagen und Besetztzustände der Gleise dargestellt. Abb. 2.7 zeigt ein Beispiel der Bedien- und Anzeigeelemente des Bedienplatzsystems für Infrastrukturelemente der fahrerlosen U-Bahn in Nürnberg. Über die Menüleiste im oberen Teil des Bildes hat der Bediener die Möglichkeit zur Bereichs- und Bildanwahl. Im zentralen Bereich des Bildes ist die Detailübersicht über den ausgewählten Bedienbereich – hier die Station Ziegelstein – dargestellt. Per Mausclick können hier sicherheitsrelevante Bedienhandlungen von Infrastrukturelementen (zum Beispiel das Umstellen von Weichen) durchgeführt werden. Im unteren Abschnitt des Bildes ist auf der linken Seite eine Auswahl möglicher Bediendialoge dargestellt. Auf der rechten Seite sind aktuell anliegende Sammelmeldungen für den ausgewählten Streckenbereich dargestellt. Zusätzlich können am Fahrdienstleiterarbeitsplatz weitere betrieblich relevante Informationen wie Verspätungsinformationen der aktiven Züge angezeigt werden (Harborth 2019). Des Weiteren ist es möglich, den Fahrdienstleiter durch Warnungsfunktionen auf spezielle betriebliche Zustände hinzuweisen. So gibt es beispielsweise die Möglichkeit, immer

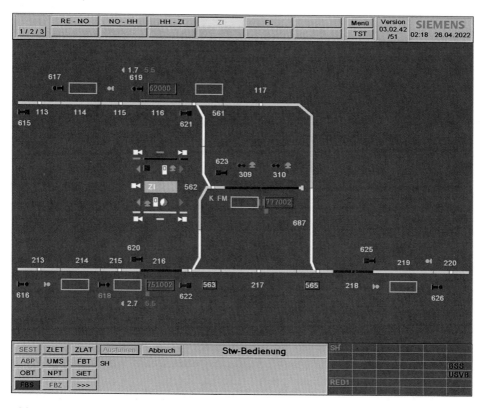

Abb. 2.7 Bedien- und Anzeigeelemente zur Steuerung von Infrastrukturelementen der fahrerlosen U-Bahn in Nürnberg. (Quelle: VAG Nürnberg; Siemens Mobility GmbH)

dann eine Warnung anzuzeigen, wenn für einen Zug die Haltezeit in einer Station abgelaufen ist und bereits ein Fahrbefehl zur Ausfahrt vorliegt, der Zug aber trotzdem in einem konfigurierbaren Zeitraum nicht abfährt. Für die Betriebsabwicklung in fahrerlosen Systemen ist auch die Bedienung automatisch verkehrender Fahrzeuge und ausgewählter Fahrzeugkomponenten über die grafische Bedienoberfläche der Fahrzeuglupe möglich (Brux 2007). Hierauf wird in Abschn. 5.6.1 näher eingegangen.

- *Zuglaufverfolgung und Zugverwaltung (englisch: automatic train tracking):* Die Anzeige von Zugstandorten in Übersichtsbildern gibt dem Fahrdienstleiter die Möglichkeit zur Disposition des Verkehrs. Hierzu werden Informationen über Zugbeginn, Zugnummernwechsel oder auch Kuppeln und Trennen von Zügen in der Regel dem Fahrplan entnommen. Die Funktion der Zuglaufverfolgung ist die funktionale Voraussetzung für die Zuglenkung.
- *Zuglenkung (englisch: automatic route setting):* Die Zuglenkung automatisiert die zeitgerechte Einstellung von Fahrwegen. In der Zuglenkung können Fahrwegalternativen anhand alternativer Stationsgleise geplant werden. Das bedeutet, dass dann für den entsprechenden Zug automatisch diese Fahrwegalternative gewählt wird, wenn der ei-

gentliche Fahrweg gerade nicht zur Verfügung steht, weil dieser beispielsweise gerade durch einen Zug belegt ist. Also muss der Fahrdienstleiter bei solchen Belegungskonflikten nicht eingreifen, wenn der Zug durch automatische Nutzung der Fahrwegalternative in einer Station ausnahmsweise in ein anderes Stationsgleis einfährt (Harborth 2019). Die Zuglenkung entlastet den Fahrdienstleiter von seinen regelmäßigen, planbaren Aufgaben. Er kann sich somit auf die Besonderheiten des Zugbetriebs konzentrieren. Fahrende Züge, CBTC-Streckeneinrichtungen, Zuglaufverfolgung und Zuglenkung bilden einen geschlossenen Regelkreis. Grundsätzlich können mit der fahrplanbasierten Zuglenkung und der fahrtzielbasierten Zuglenkung zwei unterschiedliche Zuglenkstrategien unterschieden werden. Die Fahrplanbasierte Zuglenkung erfordert die Funktion des Fahrplanmanagements.

- *Fahrplanmanagement:* Der Fahrplan ist unverzichtbare Grundlage für die Betriebsabwicklung und die Ressourcenplanung (Fahrzeug- und Personaleinsatz) in Verkehrsunternehmen. Die der Betriebsabwicklung zu Grunde liegenden Fahrpläne werden in der Regel von einem bereits bestehendem Fahrplankonstruktionssystem erstellt. Der Fahrplan wird beim Systemstart und einmal täglich automatisch geladen. Hierbei werden Basisfahrpläne für Wochentage, Wochenenden, Feiertage oder Ferienrückreisetage angelegt (Pancini Fitzek et al. 2021). Zur Disposition von Zugfahrten sind Kenntnisse über den geplanten sowie den tatsächlichen Betriebszustand zwingend erforderlich. Der ursprünglich vorgesehene Zustand wird durch den *Sollfahrplan* eines Betriebstages beschrieben. Der Sollfahrplan wird auf einer theoretischen Schätzung des Fahrgastaufkommens erstellt. Der Fahrplan beinhaltet auch betriebliche Pufferzeiten für den Fahrplan und die Zugfolge, welche es ermöglichen, Störungen zu vermeiden und auszugleichen. Ebenfalls können zu Beginn eines Betriebstages tagesaktuelle Beschränkungen sowie Restriktionen (z. B. Geschwindigkeitseinschränkungen oder nicht verfügbare Infrastruktur) im Fahrplan berücksichtigt werden. Während des tatsächlich durchgeführten Betriebes wird dieser Sollfahrplan durch (ungeplante) Ereignisse wie beispielsweise eine erhöhte Fahrgastnachfrage gestört und als *Prognosefahrplan* fortlaufend aktualisiert (Nießen et al. 2016).

- *Konflikterkennung:* Als Disposition wird die schnellstmögliche Wiederherstellung des Sollfahrplans bei Gewährleistung eines flüssigen Betriebs und einer Verbesserung der Gesamtpünktlichkeit verstanden. Hierzu ist es notwendig, den geplanten mit dem aktuellen Zustand abzugleichen, um sich anbahnende Konflikte frühzeitig zu erkennen. Hierzu wird der Prognosefahrplan basierend auf der Zuglaufverfolgung kontinuierlich fortgeschrieben. Basierend auf den Meldungen der Zuglaufverfolgungen wird die Bewegung eines Zuges in die Zukunft prognostiziert. Hierbei kommt in der Regel ein Zeit-Weg-Diagramm zum Einsatz, das den zeitlichen Verlauf der Zugfahrten entlang der Infrastruktur darstellt (Nießen et al. 2016). Bei der Verzögerung einer Zugfahrt wird seine Zeit-Weg-Linie entsprechend angepasst, also zeitlich verschoben. Auf diese Weise gelingt es, zukünftig zu erwartende Konflikte zu prognostizieren. Ein solcher Konflikt ergibt sich beispielsweise, wenn zwei Zugfahrten ein Infrastrukturelement zeitgleich belegen wollen (Belegungskonflikt).

- *Konfliktlösung:* Hinsichtlich der Konfliktlösung bieten sich grundsätzlich mehrere – sowohl räumliche als auch zeitliche – Handlungsoptionen. Eine Konfliktlösung kann dabei auch durch eine Kombination mehrerer Maßnahmen umgesetzt werden. Ein Beispiel einer räumlichen Anpassung von Zugfahrten ist beispielsweise die Wahl eines alternativen Laufwegs, das Brechen einer Zugfahrt oder (seltener) ihre Verlängerung. Beispiele zeitlicher Anpassung sind angepasste bzw. zusätzliche Haltezeiten oder geänderte Fahrgeschwindigkeiten und Fahrzeiten. In leistungsfähigen Nahverkehrssystemen kann durch die Leittechnik automatisch eine zeitliche Anpassung von Zugfahrten durch die Funktion der Zugabstandsüberwachung und Beeinflussung der Zuggeschwindigkeit (englisch: automatic train regulation) erfolgen. Grundlage dieser Strategie ist, dass der zeitliche Abstand von Zugfahrten eines der wesentlichen Qualitätskriterien der Verkehrsabwicklung im städtischen Nahverkehr ist. Auf Basis regelmäßiger Positionsmeldungen der Fahrzeuge können Prognosen durchgeführt und die Abstände zwischen den Zügen durch Geschwindigkeitsvorgaben automatisch geregelt werden. Die Leitstelle erhält über das Datenkommunikationssystem aktuelle Zugstandortinformationen und Informationen über die aktuelle Geschwindigkeit von den Fahrzeugen. Die an das Fahrzeug übertragene Geschwindigkeit kann vom Fahrzeuggerät automatisch ausgeregelt werden (als Führungsgröße für das Teilsystem Automatic Train Operation).
- *Fahrgastinformation:* Auf Grundlage in der Leitstelle vorhandener Ist- und Sollzeiten können Prognosen über die weiteren Ankunfts- und Abfahrtszeiten errechnet und auf einem zentralen Server hinterlegt werden. Über standardisierte Datenformate können diese Informationen ausgegeben werden um auf Anzeigetafeln, Fahrtzielanzeigen oder als Echtzeit-Informationen auf mobilen Endgeräten der Fahrgäste angezeigt zu werden.

2.2 Umsysteme automatischer Zugbeeinflussungssysteme

CBTC-Systeme betten sich in einen Systemkontext ein. Dies ist in Abb. 2.8 dargestellt. Die einzelnen Umsysteme werden nachfolgend beschrieben.

Fahrwegsicherung (bestehende Leit- und Sicherungstechnik)

In U-Bahn- und Stadtbahnsystemen sind in der Regel bereits leit- und sicherungstechnische Systeme in Einsatz. Diese müssen mit in die Systemgestaltung automatischer Zugbeeinflussungssysteme mit einbezogen werden. Beispielsweise kann auf ein bestehendes konventionelles Zugsicherungssystem (Fahren im festen Raumabstand) ein CBTC-System aufgesetzt werden (als Overlay). In dieser Variante werden die bestehenden Stellwerke mit ihrer Gleisfreimeldung und den von ihnen gesteuerten Weichen und Signalen weiter genutzt. Zwischen den Stellwerken und dem automatischen Zugbeeinflussungssystem sind hierbei die folgenden Abhängigkeiten zu beachten:

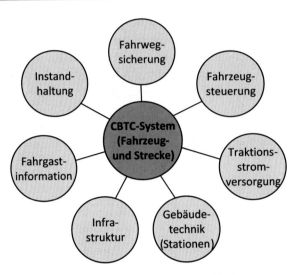

Abb. 2.8 Systemkontext von CBTC-Systemen (IEC 62290-1:2014)

- *Informationen vom Stellwerk an das CBTC-System:* Das vorhandene Stellwerk stellt und sichert die Fahrstraßen. Es stellt dem CBTC-System darüber hinaus Informationen über Weichenlagen, Signalisierungszustände und Belegtinformationen von Gleisfreimeldeabschnitten bereit. Die Streckenzentrale des CBTC-Systems ermittelt für Züge auf der Basis dieser Informationen (d. h. nach Sicherung der Fahrstraße durch das Stellwerk) die entsprechende Fahrterlaubnis und überträgt diese an die Fahrzeuge. Um die Kapazitätseffekte des Fahrens im wandernden Raumabstand zu erreichen, muss die Sicherungslogik des vorhandenen Stellwerks allerdings tolerieren, dass sich gegebenenfalls mehrere Züge in einem Blockabschnitt befinden können (Brückner 2017).
- *Informationen vom CBTC-System an das Stellwerk:* Das CBTC-System kennt die Standorte aller Fahrzeuge im Netz und fordert die erforderlichen Fahrstraßen zeitgerecht an. In manchen Systemen ist eine ortsfeste Signalisierung als betriebliche Rückfallebene vorgesehen. Um in diesem Fall zu verhindern, dass ein Zugführer sich widersprechende Signalisierung an der Strecke und in der Führerstandssignalisierung bekommt, kann die Kommandierung eines Signals auf einen speziellen Aspekt gewünscht sein. Ein Beispiel hierfür ist die Dunkelschaltung der Signale. In anderen Situationen kann ein CBTC-System die Stellwerksinformationen ergänzen. Das CBTC-System hat beispielsweise die Möglichkeit, den Stillstand des Zuges festzustellen, und kann daraufhin das Stellwerk informieren. Ist ein Zug in seinem Zielabschnitt zum Halten gekommen, kann die Auflösung eines zugehörigen Durchrutschwegs bzw. von dessen Elementen zeitlich verkürzt werden. Ebenso kann aufgrund der Zugposition die Freigabe von Elementen hinter dem Zug schneller erfolgen. Hat der Zug ein Element vollständig geräumt, ist eine frühere Freigabe gegenüber einer zugbewirkten Fahrstraßenauflösung basierend auf Gleisfreimeldeabschnitten möglich. Damit stehen diese Elemente frühzeitiger für die Nutzung in anderen Fahrstraßen zur Verfügung (Brückner 2017).

Gerade in Stadtbahnsystemen verkehren die Züge in wesentlichen Anteilen des Netzbereiches im öffentlichen Straßenraum. Hierfür müssen auch Schnittstellen zur Straßenverkehrstechnik (Lichtsignalanlagen und/oder Verkehrsrechner) vorgesehen werden. Durch eine gezielte Beeinflussung des Phasenablaufs der Lichtsignalanlagen in Kreuzungsbereichen wird eine möglichst reibungslose Fahrt der Fahrzeuge im Zu- oder Ablauf höher automatisierter Tunnelstrecken im Zentrumsbereich möglich (Krimmling 2017).

Fahrzeugsteuerung

Automatische Zugbeeinflussungssysteme weisen eine Schnittstelle zur Fahrzeugsteuerung auf. Es müssen für einen höher automatisierten Betrieb deutlich mehr Informationen als für die eigentliche Fahr- und Bremssteuerung erforderlich vom Fahrzeuggerät ausgewertet werden, bzw. von diesem an die Fahrzeugsteuerung übergeben werden.

- Beispiele vom CBTC-Fahrzeuggerät von der Fahrzeugsteuerung *eingelesener Zustandsgrößen* sind Informationen über den aktuellen Zustand der Bremssysteme des Fahrzeugs, Informationen über das Auslösen einer Hinderniserkennung (durch einen intelligenten Bahnräumer), das Auslösen der Entgleisungserkennung, das Ansprechen des Einklemmschutzes von Fahrgästen im Türbereich, sowie die Betätigung des Hebels im Fahrzeuginnern zur Notöffnung von Türen im Notfall.
- Beispiele für vom CBTC-Fahrzeuggerät an die Fahrzeugsteuerung *übergebene Kommandos* sind beispielsweise die Traktionsabschaltung, die Übergabe von Bremsbefehlen für die Betriebs- und Zwangsbremse, Informationen für die Türsteuerung des Fahrzeugs sowie die Betätigung von Schiebetritten zur Verringerung der Spaltbreite zwischen Bahnsteig und Fahrzeug.

Insbesondere für fahrerlose Systeme sind darüber hinaus weitere Einrichtungen auf den Fahrzeugen erforderlich, um einen reibungslosen Betrieb auch im Falle von Störungen zu ermöglichen:

- Für die *Fahrgastraumbeobachtung* sind in den Wagen mehrere Kameras installiert, sowie ein Fahrzeugsteuerrechner für die Funkkommunikation zur Bildübertragung in die Leitstelle (Closed Circuit Television, CCTV). Verschiedene Videobilder (auch aus verschiedenen Zügen) können in der Leitstelle auf Monitore aufgeschaltet werden. Nach einem Notruf oder der Betätigung der Notbremsung durch den Fahrgast kann so die Situation im Fahrzeug von der Leitstelle aus beurteilt werden, ohne das Bedienstete zum Zug entsandt werden müssen (Brux 2007).
- Auf den Fahrzeugen finden die Fahrgäste eine *Schnittstelle für den Fahrgastalarm* vor. Hierbei handelt es sich um eine Anordnung mehrerer Einrichtungen in unmittelbarer Nachbarschaft zueinander bestehend aus Fahrgastalarmgriff (Notbremsgriff), Mikrofon (Sprecheinrichtung), Lautsprecher (Fahrgastraumbeschallung), optischen Anzeigern (Leuchtmeldern), Hinweisschildern und einer optionalen Verplombung zum Ausschluss unberechtigter Nutzung (DIN EN 16334-2:2020). Mit der Sprecheinrichtung

können Fahrgäste aus dem Fahrzeug heraus eine Sprechverbindung zu einer besetzten Betriebsstelle aufbauen. Sie können hierüber der Leitstelle Vorkommnissen melden. Die Sprechverbindungen laufen an dem Arbeitsplatz in der Leitstelle auf, von dem die Funktion der Fahrgastraumbeobachtung aufgeschaltet werden kann. Mit Hilfe der Funktion *Fahrgastraumbeschallung* kann der Bediener der Leitstelle – während er über die Fahrgastraumbeobachtung die Situation im Fahrzeug im Blick hat – die Fahrgäste im Zug gezielt ansprechen, situationsgerechte Anweisungen geben oder beruhigend auf sie einwirken (Thomys 2006).

Traktionsstromversorgung

Im Betrieb bestehen Wechselwirkungen zwischen den Zugsicherungssystemen und der Traktionsstromversorgung. Die Strecke zwischen den Stationen ist hierbei in mehrere Traktionsstrombereiche unterteilt. Das Überwachungssystem der Stromversorgung (Power SCADA) wird verwendet, um den Status des Stromnetzes zu steuern und zu visualisieren. Hier kann eine Schnittstelle zur Leittechnik vorgesehen werden, um verschiedene Sachverhalte des Regelbetriebs und des Störungsbetriebs in Bezug auf die Traktionsstromversorgung mit zu unterstützen:

- *Regelbetrieb:* Im Regelbetrieb muss sichergestellt werden, dass die Züge mit dem entsprechenden Traktionsstrom versorgt werden. Darüber hinaus muss verhindert werden, dass Züge in Bereiche ohne Traktionsstromversorgung (beispielsweise durch eine instandhaltungsbedingte Abschaltung) oder mit einer für sie ungeeigneten Traktionsstromversorgung einfahren können. Ist beispielsweise die Traktionsstromversorgung in einem Streckenbereich ausgeschaltet, dürfen die Züge die letzte Station vor dem unterbrochenen Speiseabschnitt nicht verlassen. Algorithmen in der Leittechnik können einen energieoptimierten Betrieb unterstützen (Eichner und Uhrig 2021). Konkret geht es hier um die Reduktion elektrischer Lastspitzen. Diese verursachen bei Verkehrsunternehmen hohe Netzentgelte und somit hohe Stromkosten, da neben der elektrischen Energie auch die höchste bezogene Leistung bei der Abrechnung berücksichtigt wird. Eine Reduktion der Lastspitzen führt somit unmittelbar zu Kosteneinsparungen. Lastspitzen in der Traktionsstromversorgung können reduziert werden, wenn beispielsweise die Fahrspiele verschiedener Zugfahrten aufeinander abgestimmt werden. So kann beispielsweise die im Bremsvorgang eines Zuges bei Einfahrt in die Station rückgewonnene Bremsenergie (Rekuperation) den erhöhten Leistungsbedarf des Antriebs eines aus der Station heraus beschleunigenden Fahrzeugs teilweise kompensieren.
- *Störungsbetrieb:* Auch der Betrieb im Störungsfall muss von Beginn an mit bedacht werden. So muss beispielsweise im Falle einer Störung mit anschließender Evakuierung der Fahrgäste sichergestellt werden, dass die Traktionsstromversorgung aus der Leitstelle heraus wirksam unterbrochen werden kann. Auf diese Weise wird ausgeschlossen, dass die Fahrgäste auf ihrem Weg zum nächsten Notausstieg mit Hochspannung führenden Teilen in Berührung kommen und sich dabei schwer verletzen. Dies ist insbesondere bei Bahnen von Relevanz, bei denen der Traktionsstrom über eine Stromschiene übertragen wird, welche von den Fahrgästen erreicht werden kann.

Gebäudetechnik in Stationen

Gerade in Stationsbereichen müssen diverse Zustandsinformationen verschiedener Umsysteme eingelesen und verarbeitet werden. Nahverkehrssysteme dienen in besonderer Weise dem sicheren Transport vieler Menschen. Um gerade in den morgendlichen und abendlichen Stoßzeiten einen optimalen Fahrgastfluss durch die Stationsbauwerke aufrechtzuerhalten, werden die Betriebszustände der Fahrtreppen und Aufzüge überwacht. Ist im Störungsfall nicht ausreichend sichergestellt, dass die Fahrgäste die Station verlassen können, können Zugfahrten während des Bestehens der Störung die Haltestelle möglicherweise nicht anfahren. Darüber hinaus gelten besondere Anforderungen an Einrichtungen zur Gewährleistung der Fahrgastsicherheit in Haltestellen bei einem Fahrbetrieb ohne Fahrzeugführer. In Abhängigkeit der Zustände dieser Einrichtungen müssen möglicherweise sicherheitsgerichtete Reaktionen der automatischen Zugbeeinflussungssysteme angestoßen werden. Konkrete Beispiele hierfür umfassen:

- *Sicherung der Bahnsteigkante über Bahnsteigtüren:* Wenn sich kein Zug in der Station befindet, erkennen oder verhindern Bahnsteigtüren ein Eindringen von Fahrgästen in den Gleisbereich über die Bahnsteigkante. Im Falle eines erkannten Eindringens (beispielsweise bei einem in den Gleisbereich fallenden Fahrgast) oder bei einem Ausfall technischer Einrichtungen, der zu einem Eindringen von Fahrgästen in den Gleisbereich führen kann (zum Beispiel offene Bahnsteigtüren), wird die Einfahrt eines Zuges in diesen Gleisbereich durch das Signalsystem verhindert. Ebenfalls wird das Anfahren eines Zuges bei geöffneten Türen verhindert.
- *Nothalttaster:* Auf allen U-Bahnsteigen gibt es für jedes Gleis Nothaltgriffe auf dem Bahnsteig. Der Nothalt wirkt in der Regel immer nur für ein Gleis. Stürzt ein Fahrgast auf das Gleis, kann der Nothalt von den Fahrgästen betätigt werden. Die Züge, die sich auf diesem Gleis dem Bahnsteig nähern, werden dadurch vor der Station sicher zum Stillstand gebracht. Ebenfalls werden in der Station wartende Züge bei Betätigung eines Nothalttasters an der Ausfahrt gehindert. Sollte ein Zug bei Auslösung eines Nothalts schon angefahren sein, wird er in den Stillstand gebracht.
- *Bahnsteigbeschallung:* Die Aufgabe einer Bahnsteigbeschallung ist die Ansprache von Fahrgästen durch das Betriebspersonal. So können beispielsweise Warnhinweise an Fahrgäste an der Bahnsteigkante bei nicht bestimmungsgemäßer Benutzung der Bahnanlagen ausgegeben werden. Des Weiteren können Verhaltensanweisungen an Fahrgäste bei Störungen gegeben werden oder eine Information über Rettungsmaßnahmen und zur Beruhigung nach eingetretenen Notfällen erfolgen. Die Bahnsteigbeschallung wird so ausgelegt, dass der Bahnsteig und der vom Bahnsteig aus erreichbare Gleisbereich akustisch erreicht wird (VDV 2000).
- *Sprecheinrichtungen:* Aufgabe von Sprecheinrichtungen ist die Herstellung einer Sprechverbindung von Fahrgästen im Stationsbereich zu einer besetzten Betriebsstelle zur Meldung von Vorkommnissen wie Unfällen (außerhalb des Überwachungsbereichs technischer Einrichtungen), hilfloser Personen, Bränden oder Fehlverhalten und Tätlichkeiten von Fahrgästen. Die Sprechverbindungen sollten an einem Arbeitsplatz in der Leitstelle auflaufen, von dem die Funktion der Bahnsteigkanten- und Bahnsteig-

gleisbeobachtung aufgeschaltet werden kann und darüber hinaus die für das Stillsetzen des Fahrbetriebs und die Fahrspannungsabschaltung notwendigen Bedienhandlungen ausgeführt werden können. In diesem Zusammenhang sollen vom Bedienplatz auch die erforderlichen Rettungs- und Ordnungsdienste alarmiert werden können (VDV 2000).

- *Bahnsteigkanten- und Bahnsteiggleisbeobachtung:* Nach Ansprechen technischer Überwachungseinrichtungen soll über Videokameras eine Fernbeobachtung zur Beurteilung des eingetretenen Notfalls aus der Betriebsstelle heraus möglich sein. Bei deaktivierter Überwachung des Bahnsteiggleises kann der Betrieb mittels Fernbeobachtung aufrechterhalten werden, wenn der einzusehende Bereich über den Bahnsteig hinaus auch den vom Bahnsteig aus erreichbaren Gleisbereich umfasst. Auch eine fernüberwachte Wiederaufnahme des Fahrbetriebs ist möglich, wenn Bilder verwechslungsfrei bereitgestellt werden (VDV 2000).
- *Bahnsteigabschlusstüren:* Hierbei handelt es sich um Elemente der Einfriedung des Bahnkörpers. Die Bahnsteigabschlusstüren erlauben den Zugang von den Sicherheitsräumen des an eine Station angrenzenden Streckenbereichs (auch als Fluchtweg) auf den Bahnsteig. Sie erlauben für Befugte Personen den Zutritt zu den Sicherheitsräumen des an die Station angrenzenden Streckenbereichs. Bahnsteigabschlusstüren sind überwacht. Löst der Alarm aus, führt das automatische Zugbeeinflussungssystem bei in die Station einfahrenden Fahrzeugen eine Zwangsbremsung aus.

Infrastruktur (Ingenieurbauwerke und Gleisanlagen)

Gerade in leistungsfähigen städtischen Schnellbahnsystemen befinden sich wesentliche Anteile der Strecken in Tunnelbereichen. Dies bietet den Vorteil einer Entflechtung des Schienenverkehrs vom Straßenverkehr. Allerdings sind hierfür weitergehende Anforderungen umzusetzen:

- *Brandmeldeanlagen in Tunneln:* Ereignisse verschiedener infrastrukturseitiger Brandmelder werden ausgewertet. Bei erkannten kritischen Ereignissen wird diese Information an die Zugsicherungseinrichtung weitergegeben und eine sicherheitsgerichtete Reaktion ausgelöst. So werden beispielsweise Streckenbereiche in Tunneln entweder komplett für Zugfahrten gesperrt oder ein Zug fährt ohne Halt durch eine betroffene Haltestelle hindurch.
- *Tunnelventilation:* Für den Fall eines erkannten Notfalls können die Tunnelventilationssysteme gezielt gesteuert werden, um eine Evakuierung von Fahrgästen zu unterstützen. Hierbei wird zunächst in Abhängigkeit des Ortes des Feuers entlang der Strecke der nächstgelegene Notausgang identifiziert. In Abhängigkeit der Fluchtrichtung der Fahrgäste werden die Tunnelventilatoren so gesteuert, dass der Rauch entsprechend der Fluchtrichtung der Fahrgäste abgesogen wird. Gegebenenfalls kann auch bei einem Lüfterausfall die Zugkapazität in dem hiervon betroffenen Streckenbereich begrenzt werden.
- *Einschalten von Tunnellicht:* Für die Evakuierung von Fahrgästen oder auch im Falle von Baustellen kann aus der Leitstelle heraus das Licht im Tunnel angeschaltet werden. Da die Fahrzeugführer in diesem Fall mit der Anwesenheit von Personen im Gleis rechnen müssen,

sehen die Regelwerke der Betreiber in diesem Fall eine reduzierte Geschwindigkeit der Fahrzeuge vor. Wird diese Information an das CBTC-System übergeben, kann die Einhaltung der Geschwindigkeitsvorgabe technisch vom Fahrzeuggerät erzwungen werden.

- *Eindringüberwachung in Tunneln:* Das Eindringen unberechtigter Personen in den Tunnel über die Notausstiegsluken wird durch Einbruchmeldeanlagen erkannt. Ebenfalls wird das Eindringen unberechtigter Personen über den Tunnelmund von Sensoren erkannt und gemeldet. Wird das Eindringen unberechtigter Personen erkannt, erfolgt ein Alarm auf einer besetzten Leitstelle. Je nach betrieblichem Regelwerk der Betreiber erfolgt eine sicherheitsgerichtete automatische Reaktion des Zugbeeinflussungssystems. So kann beispielsweise im halb automatischen Betrieb die Streckeneinrichtung dem Fahrzeuggerät den Wechsel in eine Betriebsart mit höherer Fahrerverantwortung befehlen. In diesem Fall kann der Fahrer nach entsprechender Quittierung das Fahrzeug auf einem technisch gesicherten Fahrweg und mit gültigem Fahrbefehl manuell mit reduzierter Geschwindigkeit durch den betroffenen Streckenbereich fahren. Alternativ wird die Strecke gesperrt, die bestehende Fahrerlaubnis eines Fahrzeugs gegebenenfalls eingekürzt und der Zug so an der Einfahrt in den betroffenen Fahrwegabschnitt gehindert.

- *Hochwasserschutz in Tunnelanlagen:* Befinden sich die Tunnel unter Flüssen, müssen beispielsweise Gefährdungen aus der externen Umwelt wie Überflutungen von Tunneln durch bewegliche Wehrtore unterbunden werden ohne Zugfahrten zu gefährden. Dies bedeutet, dass beispielsweise bewegliche Tore in sicherungstechnische Abhängigkeiten eingebunden werden müssen. Es muss sichergestellt werden, dass Fahrzeuge nicht in einen zu sperrenden oder gesperrten Abschnitt einfahren und dann gegebenenfalls mit dem sich schließenden oder geschlossenen Wehrtor kollidieren. Auch muss sichergestellt werden, dass ein Fahrzeug nicht in einem Gleisabschnitt von Wehrtoren eingeschlossen wird.

- *Schienenbrucherkennung:* Zulassungsbehörden können zusätzliche Anforderungen zur Erkennung von Schienenbrüchen stellen. In bestehenden Systemen werden möglicherweise Gleisstromkreise zur Frei- und Besetztmeldung von Gleisabschnitten eingesetzt. Diese können außerdem zum Erkennen von Schienenbrüchen genutzt werden. Kommen in CBTC-Systemen nun alternativ Achszählsysteme für die Gleisfreimeldung zum Einsatz, sind die Verkehrsunternehmen gezwungen, in Abstimmung mit der Aufsichtsbehörde eine Lösung zur kontinuierlichen Überwachung des Schienenzustandes zu finden, so dass Sicherheit, Pünktlichkeit und geringere Instandhaltungskosten gewährleistet werden können.

Fahrgastinformation

Der Fahrgast steht im Zentrum der Bemühungen der Verkehrsunternehmen um einen Betrieb, der qualitätsgerecht ist. Da beim automatischen Fahren auch die Halte- und Fahrzeiten automatisch je nach Fahrplanlage des betreffenden Zuges festgelegt werden, kann darauf basierend von der Leittechnik eine relativ exakte Prognose für die Ankunft des Zuges in den nächsten Stationen errechnet werden. Die Leittechnik ermittelt die erwarteten Ankünfte und Abfahrten in den nächsten Stationen aufgrund aktueller Fahrplanlage, erwarteter Halte- und Fahrzeiten sowie der Rückmeldungen des Zuges bezüglich seiner Fahrzeit bis zur aktuell nächsten Station. Da dies für alle aktiven Züge gemacht wird, kann die Leittechnik auch pro Station eine Liste der nächsten erwarteten Züge erstellen und an die Fahrgastinformation übergeben (Harborth 2019). Durch die Fahrgastinformationssysteme in den Haltestellen können dann Vorankündigungen und Ankündigungen in die Station einfahrender Fahrzeuge an Informationsdisplays angezeigt werden und automatisch korrespondierende Lautsprecherdurchsagen angestoßen werden.

Zusätzlich kann die Fahrgastinformation auf dem Fahrzeug durch das für automatische Zugbeeinflussungssysteme vorhandene hochverfügbare bidirektionale Datenkommunikationssystem verbessert werden. Beispielsweise kann den Fahrgästen zusätzliche Information dargeboten werden, damit sich diese besser im Verkehrssystem orientieren können (zum Beispiel Türöffnung auf der rechten Seite, der linken Seite oder an beiden Seiten des Fahrzeugs im Stationsbereich in Verbindung mit der Aufforderung an die Fahrgäste, das Fahrzeug auf einer bestimmten Seite zu verlassen). Außerdem können weitere Mehrwerte für die Fahrgäste geschaffen werden. Je nach verfügbarer Bandbreite kann das Datenkommunikationssystem auch für andere (nicht-sicherheitsrelevante) Anwendungen wie Videodaten, Ankündigungen von Wartungsarbeiten oder anderen Fahrgastinformationen des Betreibers verwendet werden (Rahn 2011). Dies erhöht die Attraktivität des Schienenverkehrssystems für die Fahrgäste.

Instandhaltung

Der höher automatisierte Betrieb ohne Fahrer stellt wesentlich höhere Anforderungen an die Verfügbarkeit fahrzeug- und streckenseitiger Teilsysteme als beispielsweise ein halbautomatischer Betrieb mit einem Fahrer an Bord. In Bezug auf die Unterstützung der Instandhaltungsfunktion in Verkehrsunternehmen können Schnittstellen zu verschiedenen Umsystemen vorgesehen werden:

- *Service- und Diagnosesysteme:* Diese Systeme unterstützen eine korrektive Instandhaltung geben schon vor einem Service-Einsatz Informationen über die Störungsursache und defekte Baugruppen. Ist eine fahrzeug- oder streckenseitige Systemkomponente gestört, hat dies große Auswirkungen und der betriebliche Aufwand für einen Betrieb auf der Rückfallebene ist hoch. Im Falle einer Störung ist also schnelles und zielgerichtetes Handeln gefordert. Die gestörte Komponente muss schnell erkannt werden und es müssen effektive Maßnahmen zur Behebung des Ausfalls ergriffen werden. Die Service- und Diagnosesysteme stehen sowohl Leitstellen- als auch den Werkstattmitarbeitern zur Verfügung. Über eine Unterstützung einer korrektiven Instandhaltung hinaus sind die Verkehrsunternehmen bestrebt, vorhandene Service- und Diagnosesysteme in Richtung einer Plattform für die zustandsorientierte oder besser vorausschauende Instandhaltung weiterzuentwickeln. Dies trägt der Tatsache Rechnung, dass wegen der dichten Zugfolge in städtischen Verkehrssystemen Ausfälle im Betrieb unerwünscht sind.
- *Betriebshofmanagementsysteme:* Diese Systeme sorgen dafür, dass die Schienenfahrzeuge für den täglichen Fahrbetrieb vorbereitet und auf die richtige Fahrt disponiert sind. Betriebshofmanagementsysteme steuern sämtliche Prozesse im Betriebshof von der Einfahrt der Fahrzeuge, über ihre Versorgung, Reparatur bis hin zu ihrer Abstel-

lung. In Abhängigkeit des im System hinterlegten Kalenders der erforderlichen Aktivitäten bildet das Betriebshofmanagementsystem die Mission des Fahrzeugs. Diese Mission ist eine Serie von Fahraufträgen, welche durch die Automatisierungskomponente des Schienenfahrzeugs abgefahren werden kann. Die Interaktion automatischer Zugbeeinflussungssysteme mit Betriebshofmanagementsystemen ist die Grundlage einer automatischen Betriebsführung in Betriebshöfen.

Literatur

Brückner D (2017) Lösungen für das automatisierte Fahren im Nahverkehr. Signal + Draht 109(6):6–11

Brux G (2007) Automatischer Betrieb Projekt RUBIN – U-Bahn Nürnberg. EIK:211–227

DIN EN 16334-2:2020: Bahnanwendungen – Fahrgastalarmsystem – Teil 2: Systemanforderungen für städtische Schienenbahnen. Deutsche Fassung EN 16334-2:2020

DIN EN 50159:2011-04. Bahnanwendungen – Telekommunikationstechnik, Signaltechnik und Datenverarbeitungssysteme – Sicherheitsrelevante Kommunikation in Übertragungssystemen; Deutsche Fassung EN 50159:2010

Eichner D, Uhrig B (2021) Innovationen in CBTC-Anwendungen. Signal + Draht 113(9):34–44

Farooq J (2018) Performance analysis and evaluation of advance designs for radio communication systems for Communications-Based Train Control (CBTC). Dissertation, Technical University of Denmark

Geistler A, Schwab M (2013) ETCS-L2-Zugsicherung mit alternativen Funklösungen. Signal + Draht 105(7+8):14–20

Harborth M (2019) Operatives Fahrplansystem für automatisches Fahren. Signal + Draht 111(3):32–38

Heitzinger J (2002) Erfahrungen mit dem modularen Leitsystem VICOS OC 501. Signal + Draht (94) 4:18–22

IEC 62290-1:2014. Railway applications – urban guided transport management and command/control systems – part 1: system principles and fundamental concepts

IEEE 1474.1-1999 (1999) IEEE standard for Communications-Based Train Control (CBTC) performance and functional requirements. IEEE, New York

Krimmling J (2017) Ampelsteuerung – Warum die grüne Welle nicht immer funktioniert. Springer, Berlin

Mücke W (2005) Betriebsleittechnik im öffentlichen Verkehr. Eurailpress, Hamburg

Nießen N, Kogel B, Kuckelberg A (2016) Konfliktlösungs-strategien bei der Disposition im Eisenbahnwesen. EI-Eisenbahningenieur März:10–13

Pancini Fitzek T, Joos F, Huber H (2021) Fahrgäste, Stationen & Züge im Mittelpunkt – bedarfsgerechter Betrieb während COVID-19 und darüber hinaus. Signal + Draht 113(1+2):6–11

Rahn K (2011) Green Mobility – Effiziente Zugbeeinflussung mit CBTC-Systemen. Signal + Draht 103(10):26–29

Schienbein M (2018) Trends und Anforderungen der Funkübertragung für Betriebsdaten und Passagierservices. Signal + Draht 110(7+8):23–30

Schnieder L (2020) Funktionsallokation in funkbasierten Zugbeeinflussungs-systemen – ein Vergleich. Eisenbahntechnische Rundschau 70(11):16–19

Thomys M (2006) Fahrgastraumbeobachtung über Wireless LAN. Signal + Draht 98(7+8):23–32

VDV (2000) Verband Deutscher Verkehrsunternehmen (VDV): VDV-Schrift 399 – Anforderungen an Einrichtungen zur Gewährleistung der Fahrgastsicherheit in Haltestellen bei Fahrbetrieb ohne Fahrzeugführer. VDV, Köln, Oktober 2000

Automatisierungsgrade automatischer Zugbeeinflussungssysteme

3

Städtische Schienenverkehrssysteme sind komplexe Mensch-Maschine-Systeme. In einschlägigen Standards werden Automatisierungsgrade definiert. Ausgangspunkt hierfür ist eine generische Beschreibung aller für den Betrieb eines städtischen Schienenverkehrssystems erforderlichen Funktionen. Auf diesem Funktionskatalog aufbauend wird dargestellt, wie durch aufeinander aufbauende Automatisierungsgrade (englisch: Grade of Automation, GoA) zunehmend mehr Funktionen von technischen Systemen übernommen werden. Der Mensch wird hierbei zunehmend entlastet (vgl. Tab. 3.1). In der höchsten Ausprägung wird das System vollautomatisch fahrerlos betrieben – eine Mitwirkung des Menschen an Bord des Zuges ist dann im Regelbetrieb nicht mehr erforderlich. Mit zunehmendem Automatisierungsgrad nehmen naturgemäß die Anforderungen an das Signalsystem und die eingesetzten Fahrzeuge zu. Die einzelnen Funktionen werden in Kap. 5 näher erläutert.

3.1 Grade of Automation 0: Zugbetrieb auf Sicht

Beim Zugbetrieb auf Sicht (Train Operations on Sight, TOS) ist der Fahrzeugführer in vollem Umfang für die sichere Durchführung der Fahrzeugbewegung (insbesondere den Folgefahrschutz) verantwortlich, da hier fahrzeugseitig keinerlei Überwachung der zulässigen Fahrweise realisiert ist (IEC 62290-1:2014). Die Fahrzeuge verkehren auf eingeschränkt gesicherten Fahrwegen. Einzelweichensteuerungen stellen und sichern Weichen in der Endlage und zeigen dies dem Fahrzeugführer an. Einfache Fahrsignalanlagen gewährleisten an eingleisigen Strecken den Gegenfahrschutz. Bahnübergänge vermeiden

Tab. 3.1 Überblick über die Automatisierungsgrade

Grundlegende Sicherungsfunktionen im Bahnbetrieb		On-sight train operation TOS GoA0	Non-automated train operation NTO GoA1	Semi-automated train operation STO GoA2	Driverless train operation DTO GoA3	Unattended train operation UTO GoA4
Sichern der Zugbewegung (**Abschn. 5.1**)	Sichern des Fahrweges	Bediener	Sicherungssystem	Sicherungssystem	Sicherungssystem	Sicherungssystem
	Sichern der Abstandshaltung	Bediener	Sicherungssystem	Sicherungssystem	Sicherungssystem	Sicherungssystem
	Sichern der Geschwindigkeit	Bediener	Bediener (teilw. Überwachung durch Sicherungssystem)	Sicherungssystem	Sicherungssystem	Sicherungssystem
Fahren des Fahrzeugs (**Abschn. 5.2**)	Steuern des Fahrzeugs in Abhängigkeit des Fahrprofils	Bediener	Bediener	Sicherungssystem	Sicherungssystem	Sicherungssystem
Überwachen der Profilfreiheit (**Abschn. 5.3**)	Verhinderung von Kollisionen mit Objekten	Bediener	Bediener	Bediener	Sicherungssystem	Sicherungssystem
	Verhinderung von Kollisionen mit Personen	Bediener	Bediener	Bediener	Sicherungssystem	Sicherungssystem

Überwachen des Fahrgastwechsels (**Abschn. 5.4**)	Steuern und Überwachen der Türfreigabe	Bediener	Bediener	Bediener	Sicherungssystem oder Bediener	Sicherungssystem
	Sichern der Bahnsteigkante	Bediener	Bediener	Bediener	Sicherungssystem oder Bediener	Sicherungssystem
	Sicherstellung der Abfertigungsbedingungen	Bediener	Bediener	Bediener	Sicherungssystem oder Bediener	Sicherungssystem
Automatischer Zugbetrieb (**Abschn. 5.5**)	Ein- und Aussetzen von Fahrzeugen	Bediener	Bediener	Bediener	Bediener	Sicherungssystem
	Überwachung des Fahrzeugzustands	Bediener	Bediener	Bediener	Bediener	Sicherungssystem
Störfallerkennung und Störfallmanagement (**Abschn. 5.6**)	Fahrzeugdiagnose, Erkennung von Feuer und Rauch, Handlungen bei Störfällen	Bediener	Bediener	Bediener	Bediener	Sicherungssystem und/oder Bediener in Leitstelle

Unfälle zwischen Straßenverkehrsteilnehmern und Schienenfahrzeugen. In komplexeren Streckentopologien erfolgt eine Fahrwegsicherung über Fahrstraßen. Dieser Automatisierungsgrad kann in zwei Stufen unterschieden werden:

- *Automatisierungsgrad 0a – nicht assistierter Zugbetrieb auf Sicht:* Der Fahrer beobachtet stets den Verkehr in seinem Sichtfeld, den Fahrweg und die Höchstgeschwindigkeit. Er kontrolliert das Anfahren und das Bremsen, erkennt Gefahrensituationen und hält das Schienenfahrzeug bei Bedarf an. Die Fahrweise entspricht also dem Führen eines Personenkraftwagens (Pkw) im öffentlichen Straßenraum.
- *Automatisierungsgrad 0b – assistierter Zugbetrieb auf Sicht:* Der Fahrer wird durch ein Fahrerassistenzsystem in einzelnen Aspekten seiner Fahraufgabe unterstützt. Sensoren erfassen hierbei das Verkehrsumfeld und Algorithmen analysieren die Fahrsituation. Der Fahrer wird über einen Warnhinweis zum rechtzeitigen und richtigen Eingreifen aufgefordert (informierendes Assistenzsystem), beziehungsweise es erfolgt ein automatischer Eingriff in die Fahrdynamik des Schienenfahrzeugs (intervenierendes Assistenzsystem) und der Fahrer wird hierüber informiert (Jung et al. 2018).

3.2   Grade of Automation 1: Nicht automatisierter Zugbetrieb

Beim nicht automatisierten Zugbetrieb (Non-automated Train Operations, NTO) wird das Fahrzeug auf technisch gesicherten Fahrwegen vom Fahrer geführt (IEC 62290-1:2014). Technische Einrichtungen signalisieren dem Fahrer, dass der Fahrweg technisch gesichert ist. Dies bedeutet, dass die Fahrzeugbewegung technisch vor Gegenfahrten, Flankenfahrten, Folgefahrten und Unfällen mit systemfremden Verkehrsteilnehmern (Kraftfahrzeugen und Fußgängern) geschützt ist. Der Fahrzeugführer führt das Fahrzeug gemäß der betrieblichen Vorgaben. Die Einhaltung der zulässigen Fahrweise wird auf dem Fahrzeug überwacht. Je nach konkreter Ausprägung der Überwachung kann dieser Automatisierungsgrad in zwei Stufen unterschieden werden:

- *Automatisierungsgrad 1a – nicht automatisierter Zugbetrieb mit punktförmiger Übertragung und Überwachung der zulässigen Fahrweise des Fahrzeugs:* Hierbei erhält das Fahrzeug an einem diskreten Punkt entlang der Strecke eine Information über den Zustand des Signals. Das Fahrzeuggerät leitet im Bedarfsfall eine sicherheitsgerichtete Reaktion ein. Diese Systeme dienen der Vermeidung der Überfahrt Halt zeigender Signale (Fahrsperre).
- *Automatisierungsgrad 1b – nicht automatisierter Zugbetrieb mit kontinuierlicher Übertragung und Überwachung der zulässigen Fahrweise des Fahrzeugs:* Hierbei erhält das Fahrzeug von der Streckeneinrichtung Führungsgrößen, mit denen die Fahrzeugbewegung kontinuierlich überwacht werden kann. Diese Systeme überwachen die Einhaltung der zulässigen Fahrweise des Zuges kontinuierlich und gehen damit über den zuvor beschriebenen Funktionsumfang (Fahrsperre) hinaus. Die Datenübertragung von der Strecke zum Fahrzeug kann entweder an diskreten Punkten oder kontinuierlich erfolgen.

3.3   Grade of Automation 2: Halbautomatischer Zugbetrieb

Beim halb automatischen Zugbetrieb (Semi-automatic Train Operation, STO) die Steuerung der Traktionsleistung und der Bremsen wird von einem technischen System übernommen (IEC 62290-1:2014). Der Fahrer bleibt in diesem Automatisierungsgrad nach wie vor auf dem Führerstand. Er erteilt den Befehl für die Türöffnung, überwacht den Fahrgastwechsel und fertigt den Zug in der Station ab. Liegen alle Abfertigungsbedingungen vor, erteilt er den Abfahrauftrag für eine sichere Abfahrt des Zuges aus der Haltestelle. Der Fahrer überwacht die Fahrt zur nächsten Station und kann in Gefahrensituationen sofort eingreifen (Rumsey 2010). Das Fahrzeug bremst selbsttätig mit einer hohen Genauigkeit auf die Zielposition in der nächsten Station. Auf diese Weise kann eine von der Leitebene vorgegebene optimale Fahrstrategie vom Fahrzeug selbsttätig umgesetzt werden.

3.4   Grade of Automation 3: Begleiteter fahrerloser Zugbetrieb

Beim begleiteten fahrerlosen Zugbetrieb (Driverless Train Operation, DTO) kann sich der Fahrer vom Führerstand des Zuges entfernen. Der Fahrer bleibt aber weiterhin an Bord des Zuges, um seine betrieblichen Aufgaben zu erfüllen und um im Falle des Funktionsausfalls der Automatisierungssysteme die Verantwortung für das Führen des Zuges über den hierfür vorgesehenen Notführerstand auf dem Fahrzeug unverzüglich wieder zu übernehmen. Da der Fahrer nach wie vor auf dem Fahrzeug ist, resultieren hieraus für die Entstörung und Wiederherstellung des Regelbetriebs Zeitgewinne im Vergleich zum im nächsten Abschnitt dargestellten vollautomatischen fahrerlosen Zugbetrieb, bei dem das Betriebspersonal das Fahrzeug erst fußläufig durch den Tunnel erreichen muss. Da der Fahrer in diesem Automatisierungsgrad die Fahrt des Zuges nicht mehr überwacht und die vor dem Zug liegende Strecke nicht mehr im Voraus einsehen kann, stellt dieser Automatisierungsgrad höhere Anforderungen an Gewährleistung der Profilfreiheit für die Zugfahrten (beispielsweise durch fahrzeugseitige Hinderniserkennungssysteme). Im Automatisierungsgrad DTO können die Türen und die Abfahrt des Zuges vom Bahnsteig entweder automatisch oder manuell von einem beliebigen Ort im Zugverband (und damit nicht zwingend vom Führerstand des Zuges) gesteuert werden. Dies wirkt sich insbesondere an Endhaltestellen positiv auf den Durchsatz aus, da die Zeit gespart werden kann, die bei geringeren Automatisierungsgraden für den Wechsel des Führerstandes erforderlich ist. Der Fahrzeugführer muss nun nicht mehr den ganzen Zugverband entlang von einem Führerstand zum anderen gehen (Rumsey 2010).

3.5   Grade of Automation 4: Vollautomatischer fahrerloser Zugbetrieb

Der vollautomatische fahrerlose Zugbetrieb (Unmanned Train Operation, UTO) kann Zugbewegungen ohne Fahrgäste (zum Beispiel für Fahrten in ein Abstellgleis oder in einem voll automatisiert betriebenen Depot) oder den Betrieb von Zügen im Fahrgastbetrieb ohne

Begleitpersonen an Bord umfassen. Letzteres setzt voraus, dass der Zug bei Ausfällen von Steuerungssystemen ferngesteuert werden kann oder zumindest von entlang der Strecke verfügbarem Personal in möglichst kurzer Zeit erreicht werden kann. Gegebenenfalls ist es auch möglich, das Fahrzeug über die Darstellung der Führerstandsanzeige und Echtzeit-kamerabildern aus der Leitstelle in der Rückfallebene situativ fernzusteuern. Im (Brandenburger et al. 2017) Störungsfall müssen die Fahrgäste an Bord aus der Leitstelle heraus beruhigt werden. Daher sind gute Kommunikationsverbindungen zwischen dem Fahrzeug und den Mitarbeitern des Verkehrsunternehmens unerlässlich. Eine Automatisierung der Türsteuerung ist für diesen Automatisierungsgrad zwingend erforderlich und muss entsprechend sicher gestaltet sein. Dies bedeutet, dass eingeklemmte Kleidungsstücken oder Personen sicher erkannt werden müssen und in diesem Fall unmittelbar eine sicherheitsgerichtete Reaktion eingeleitet wird. Ein erhöhter Schutz der Strecke vor dem Eindringen unberechtigter Personen sowie technische Systeme zur Hinderniserkennung sind ebenfalls erforderlich.

Als Käufer*in dieses Buches können Sie kostenlos unsere Flashcard-App „SN Flashcards" mit Fragen zur Wissensüberprüfung und zum Lernen von Buchinhalten nutzen.

1. Gehen Sie bitte auf https://flashcards.springernature.com/login und
2. erstellen Sie ein Benutzerkonto, indem Sie Ihre Mailadresse angeben und ein Passwort vergeben.
3. Verwenden Sie den folgenden Link, um Zugang zu Ihrem SN Flashcards Set zu erhalten: https://go.sn.pub/1axIDX

Sollte der Link fehlen oder nicht funktionieren, senden Sie uns bitte eine E-Mail mit dem Betreff „SN Flashcards" und dem Buchtitel an customerservice@springer-nature.com

---

Literatur

Brandenburger, Niels; Naumann, Anja; Grippenkoven, Jan und Meike Jipp: Der Train Operator - Situative Fernsteuerung von automatisierten Zügen. In: EI - Eisenbahningenieur 09/2017, S. 13 - 15.

IEC 62290-1:2014. Railway applications – urban guided transport management and command/control systems – part 1: system principles and fundamental concepts

Jung HS, Rüffer M, Schindler C (2018) Fahrerassistenzsysteme für die Straßenbahn. Nahverkehr 36(7+8):26–35

Rumsey A (2010) Semi-automatic, driverless and unattended operation of trains. Signal + Draht 102(3):43–46

Betriebsarten und Betriebsartenübergänge automatischer Zugbeeinflussungssysteme

4

Die Zugbeeinflussungssysteme dienen einer optimalen Abwicklung des Betriebs. Hierfür stehen – in Abhängigkeit vom Ausstattungsgrad von Fahrzeug und Infrastruktur – unterschiedliche Betriebsarten zur Verfügung. Jede Betriebsart umfasst eine Teilmenge an Sicherungsfunktionen. Die verschiedenen Betriebsarten werden in Abschn. 4.1 dargestellt. Zwischen den Betriebsarten sind Übergänge möglich. Diese sind an eindeutige Bedingungen geknüpft und werden technisch überwacht. In Abschn. 4.2 werden die zwischen den Betriebsarten bestehenden Übergänge anhand ausgewählter Beispiele erläutert.

4.1 Betriebsarten automatischer Zugbeeinflussungssysteme

Automatische Zugbeeinflussungssysteme werden in verschiedenen betrieblichen Situationen in verschiedenen Betriebsarten betrieben. Die Betriebsarten sind gekennzeichnet durch einen unterschiedlichen Umfang vom Zugbeeinflussungssystem zur Verfügung stehenden Überwachungsfunktionen. Die Betriebsarten und Betriebsartenübergänge stellen einen (endlichen) Zustandsautomaten dar. Hierbei gibt es eine endliche Anzahl von Zuständen und definierte Übergangsbedingungen. Abb. 4.1 stellt einen Zustandsautomaten mit den üblichen Betriebsarten und Betriebsartenübergängen (Transitionen) dar. Diese Betriebsarten können unterschieden werden in Betriebsarten für den Regelbetrieb (vgl. Abschn. 4.1.1), Betriebsarten für Gefahren- und Störzustände (vgl. Abschn. 4.1.2), Betriebsarten für Ausschaltzustände (vgl. Abschn. 4.1.3) sowie Betriebsarten für nicht mit CBTC ausgerüstete Bestandsstrecke (vgl. Abschn. 4.1.4). Zusätzlich zu den in Abb. 4.1 dargestellten Betriebsarten können von den Betreibern im Einzelfall weitere Betriebsarten

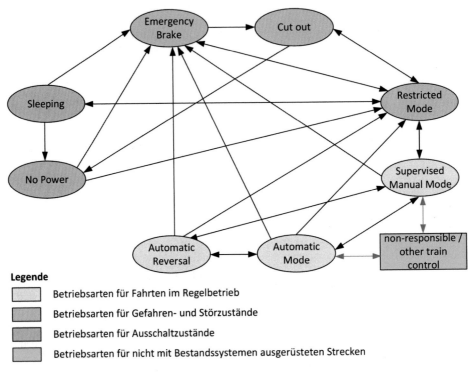

Abb. 4.1 Prinzipskizze eines Zustandsautomaten der Betriebsarten mit zwischen diesen bestehenden Übergängen für einen halbautomatischen Betrieb

gewünscht werden. Beispiele hierfür sind ein ferngesteuerter Betrieb, bei dem die Leitstelle die Rolle des Fahrpersonals übernimmt oder die Umschaltung zwischen verschiedenen Zugbeeinflussungssystemen, welche sich möglicherweise aus dem Migrationskonzept heraus ergibt (fahrzeugseitige Mehrfachausrüstung). Um den Zustandsautomaten für die Darstellung in diesem Buch übersichtlich zu lassen, werden hier nur die grundlegenden Betriebsarten umrissen, die bei vielen Betreibern zum Einsatz kommen.

4.1.1   Betriebsarten für den Regelbetrieb

Es können verschiedene Betriebsarten für den Regelbetrieb unterschieden werden. Diese werden nachfolgend mit ihrem korrespondierenden Funktionsumfang umrissen.

Manuelles Fahren in Vollüberwachung (Supervised Manual Mode)
Diese Betriebsart garantiert die kontinuierliche Geschwindigkeitsüberwachung und die gesamte Zugsicherung durch die CBTC-Fahrzeugausrüstung. Die CBTC-Fahrzeugausrüs-

tung kann erst in diese Betriebsart wechseln, wenn alle benötigten Daten zur zulässigen Fahrweise des Zuges auf dem Fahrzeug vorhanden sind und der Standort des Zuges bekannt ist. Dem Zug liegt eine Fahrerlaubnis vor, da der Sicherungszustand sämtlicher vor dem Zug liegenden Gefahrenpunkte bekannt ist. Die Einhaltung der gültigen Fahrerlaubnis kann vom Zugbeeinflussungssystem überwacht werden. Auf dem Fahrzeug liegt ein umfassendes statisches Geschwindigkeitsprofil vor. Die Einhaltung des statischen Geschwindigkeitsprofils wird durch das Fahrzeug überwacht. In dieser Betriebsart fährt der Fahrzeugführer das Fahrzeug durch Betätigen des Fahr- und Bremshebels manuell gemäß den Vorgaben zur zulässigen Geschwindigkeit. Da der Zug über eine ausreichend genaue Kenntnis seiner eigenen Position verfügt, kann die Freigabe von Türen (im Betrieb mit Bahnsteigtüren) automatisch erfolgen. In dieser Betriebsart liegen Informationen über die Zugvollständigkeit vor, so dass die Züge einander im wandernden Raumabstand folgen können.

Automatisches Fahren in Vollüberwachung (Automatic Mode)

Bezüglich der verfügbaren Überwachungsfunktionen unterscheidet sich diese Betriebsart nicht vom zuvor dargestellten manuellen Fahren in Vollüberwachung (Supervised Manual Mode). Der Unterschied hierbei ist jedoch, dass der Fahrer in dieser Betriebsart von weiteren Aufgaben der Fahrzeugsteuerung entlastet wird. In dieser Betriebsart wird das Fahrzeug nach Bestätigung des Vorliegens der Abfertigungsbedingungen durch den Fahrer von der automatischen Fahr- und Bremssteuerung automatisch zum Haltepunkt in der nächsten Station geführt. Der Fahrer muss die Fahrt jedoch noch überwachen, da bei einem halb automatischen Betrieb noch mit Hindernissen vor dem Fahrzeug gerechnet werden muss. Erreicht das Fahrzeug den Haltepunkt in der nächsten Station, werden die Türen automatisch geöffnet.

Automatische Fahrerlose Kehre (Automatic Reversal)

Bei der automatischen fahrerlosen Kehre fährt das Fahrzeug ohne den Fahrer auf dem Führerstand in eine Kehranlage hinter dem Bahnhofsgleis ein. Da sich der Fahrer bei dieser Betriebsart nicht mehr auf dem Führerstand befindet, muss die Kollisionsvermeidung auf eine andere Art sichergestellt werden. Dies ist entweder durch einen baulichen Gefährdungsausschluss (Bahnsteigtüren) sichergestellt. Alternativ muss der Fahrer vor Beginn der Kehrfahrt per Augenschein das Freisein des vor dem Fahrzeug liegenden Gleisabschnitts der Kehranlage prüfen und den Abfahrauftrag erteilen.

4.1.2   Betriebsarten für Gefahren- und Störzustände

Es können verschiedene Betriebsarten für Gefahren- und Störzustände unterschieden werden. Diese werden nachfolgend mit ihrem korrespondierenden Funktionsumfang umrissen.

Zwangsbremse (Emergency Brake)

Kommt es zu einem Wechsel in diese Betriebsart, wird der Zug in den Stillstand gebremst. Der Stillstand ist durch den Triebfahrzeugführer zu quittieren. Eine Zwangsbremse wird bei den folgenden Ereignissen ausgelöst:

- *Odometriefehler:* Bei Ausfall von Komponenten der Weg- und Geschwindigkeitsmessung ist das Fahrzeug nicht mehr ausreichend präzise lokalisiert. Die exakte Fahrzeugposition ist in diesem Fall mit einer großen Unsicherheit behaftet. Es muss schlimmstenfalls eine Kollision mit einem anderen Fahrzeug oder einem Hindernis an einem Gefahrpunkt angenommen werden. Das Fahrzeug reagiert daher zur sicheren Seite und löst eine Zwangsbremse aus.

- *Fehler von sicheren Ausgaben des Fahrzeuggeräts:* Fehlerhafte Ausgaben des CBTC-Fahrzeuggeräts an die Fahrzeugsteuerung müssen durch regelmäßige Selbsttestzyklen des Fahrzeuggeräts offenbart werden. Ein Beispiel einer solchen sicherheitsrelevanten Ausgabe, ist das Ansprechen der Bremssysteme des Fahrzeugs. Wird ein Fehler offenbart, muss angenommen werden, dass die gegebenenfalls erforderliche Bremsung im Bedarfsfall zeitlich verzögert oder möglicherweise gar nicht ausgelöst wird. Daher reagiert das Fahrzeuggerät zur sicheren Seite und nimmt den sicheren Zustand ein (d. h. es löst eine Zwangsbremsung aus).

- *Verlust der Zugvollständigkeit:* Für den Fall, dass es zu einer unbeabsichtigten Zugtrennung kommt, wird eine Zwangsbremsung ausgelöst. Dies ist schon in den grundlegenden Betriebsvorschriften so gefordert (Forderung nach einer „durchgehenden und selbsttätigen Bremse"). Die Auslösung der Zwangsbremse bei Verlust der Zugvollständigkeit ist eine Funktion, die schon durch die Leittechnik des Fahrzeugs realisiert wird.

- *Abbruch der Funkverbindung:* Für CBTC-Systeme ist die Aufrechterhaltung der Funkverbindung zwischen Fahrzeug und Strecke essenziell. Ist die Funkverbindung unterbrochen, können Positionsmeldungen des Zuges gar nicht oder nur zeitverzögert übertragen werden. Auch Verlängerungen von Fahrterlaubnissen werden möglicherweise gar nicht oder nur zeitverzögert an die Fahrzeuge übermittelt, was zu Einbußen in der Streckenleistungsfähigkeit und in Folge dessen zu Verzögerungen im Betrieb führen kann.

- *Ansprechen von Überwachungsfunktionen:* Werden unzulässige betriebliche Zustände erkannt, erfolgt ein Ansprechen der Zwangsbremse. Beispiel hierfür ist ein unzulässige Rückrollen des Fahrzeugs, das Ansprechen der Stillstandsüberwachung, eine Verletzung der maximal zulässigen Geschwindigkeit sowie ein Ansprechen der Türüberwachung bei unzulässiger Türöffnung.

Fahrzeuggeräte im Störungsfall ausgeschaltet (Cutout Mode)

Fahrzeuggeräte müssen im Störungsfall ausgeschaltet werden können. Hierzu dient ein im Führerstand des Fahrzeugs angeordneter Störschalter, der die Spannungsversorgung des Fahrzeuggeräts unterbricht. Nach dem Ausschalten des CBTC-Fahrzeuggerätes kann der Fahrzeugführer das Fahrzeug auf der betrieblichen Rückfallebene bewegen. Hierbei sind jedoch keinerlei Überwachungsfunktionen aktiv. Die Fahrt wird also unter vollständiger Verantwortung des Fahrzeugführers durchgeführt. Maßgeblich hierfür sind die betrieblichen Regelwerke des jeweiligen Betreibers.

Permissives Fahren (Restricted Manual Mode)

Für einen reibungslosen Betrieb muss auch eine Betriebsart vorgesehen werden, welche die Durchführung einer Zugfahrt in einem Streckenabschnitt ermöglicht, für dessen Freisein keine Bestätigung vorliegt. Der Zug hat beim Erreichen des Endes seiner Fahrerlaubnis stets zu halten. Der Fahrzeugführer darf erst dann weiterfahren, wenn er einen fernmündlichen Auftrag erhalten hat. In der Praxis kommt diese Betriebsart in verschiedenen betrieblichen Szenarien zur Anwendung. Fahrzeuge verkehren beispielsweise in einem Streckenbereich, der nicht mit CBTC-Streckeneinrichtungen ausgerüstet ist. Dies ist zum Beispiel bei Ein- und Ausfahrten in Betriebshöfe der Fall. Auch nach einer Störung der CBTC-Streckeneinrichtung können Züge mit reduzierter Geschwindigkeit weiterfahren. Da im vorausliegenden Streckenabschnitt mit Hindernissen zu rechnen ist, darf die Geschwindigkeit in diesem Fall nur so hoch sein, dass der Zug bei einem Hindernis in seinem Fahrgleis mit Sicherheit zum Halten gebracht werden kann. Es gelten daher für das permissive Fahren die folgenden Abgrenzungen:

- *Keine Überwachung des Überfahrens der gültigen Fahrerlaubnis.* Das CBTC-Fahrzeuggerät kennt den möglicherweise vor dem Zug liegenden Gefahrpunkt nicht. Deshalb kann keine Überwachung der gültigen Fahrerlaubnis erfolgen. Der Fahrer muss die vor ihm liegende Strecke aktiv beobachten und ist in hohem Maße für die Sicherheit des Betriebs verantwortlich.
- *Eingeschränkte Geschwindigkeitsüberwachung:* Es wird nur die für diese Betriebsart zulässige Maximalgeschwindigkeit überwacht, da im Gegensatz zum manuellen Fahren in Vollüberwachung (Supervised Manual Mode), bzw. dem automatischen Fahren in Vollüberwachung (Automatic Mode) keine Geschwindigkeitsprofile vorliegen.
- *Rückrollüberwachung:* Das Zugbeeinflussungssystem führt eine Rückrollüberwachung durch. Das Fahrzeug kann also nur in die Fahrtrichtung des besetzten Führerstandes fahren. Rollt es unbeabsichtigt zurück, kommt es zum Bremseingriff.
- Informationen zur Zugvollständigkeit liegen in dieser Betriebsart vor.
- Die Freigabe von Türen (im Betrieb mit Bahnsteigtüren) erfolgt nur, wenn der Zug ein valides Ortungsergebnis hat. Andernfalls muss der Fahrer sich aktiv über die wirksame Unterdrückung der Türfreigabe hinwegsetzen („override").

4.1.3   Betriebsarten für Ausschaltzustände

Es können verschiedene Betriebsarten für Ausschaltzustände unterschieden werden. Diese werden nachfolgend mit ihrem korrespondierenden Funktionsumfang umrissen.

Fahrzeug kurzfristig abgestellt (Fahrzeuggerät mit Spannungsversorgung über Pufferbatterie)

Im Regelbetrieb eines Nahverkehrssystems ist es nicht notwendig, das CBTC-Fahrzeuggerät ein- und auszuschalten (Sleep Mode). Die Überwachung der dauerhaften Einsatzfähigkeit erfolgt auch im Sleep-Modus über einen Watchdog-Mechanismus. Wird ein mit CBTC ausgestattetes Fahrzeug im CBTC-Bereich abgestellt und der Stromabnehmer gesenkt, so wird der letzte vom Fahrzeuggerät ermittelte Ort, wenn vorhanden, vom CBTC Fahrzeuggerät gespeichert. Das Fahrzeug verbleibt also auch bei seiner Abstellung lokalisiert. Nach einer definierten Zeit (bspw. 10 Minuten) wird das CBTC-Fahrzeuggerät inklusive des Datenkommunikationssystems in den Sleep-Modus versetzt. Hierbei versorgt die Pufferbatterie die zur Realisierung des reduzierten Funktionsumfangs benötigten CBTC-Komponenten. Der Spannungspegel der Pufferbatterie wird durch das CBTC-Fahrzeuggerät überwacht. Wird ein Mindest-Spannungspegel dauerhaft unterschritten, so wird eine Diagnosemeldung generiert und an die Instandhaltungsorganisation übermittelt. Wenn sich während des Abstellbetriebs innerhalb von 24 Stunden das Fahrzeug ohne Eigenantrieb bewegt, dann wird dies vom CBTC-Fahrzeuggerät bei Wiederanlauf erkannt (cold movement detection). Wenn sich das Fahrzeug nicht bewegt hat, wird der zuletzt gespeicherte Ort vom CBTC-Fahrzeuggerät verwendet. Nach dem Anschalten kann die gültige Ortungsinformation, soweit vorhanden, verwendet werden. Wenn keine gültige Ortungsinformation im CBTC-Fahrzeuggerät vorhanden ist, gilt das Fahrzeug al nicht lokalisiert. In diesem Fall muss eine valide Ortsinformation erst durch Überfahrt von Transpondern wieder ermittelt werden. Sobald das Fahrzeug wieder aufgerüstet ist und der Stromabnehmer gehoben wurde, wird die Pufferbatterie wieder über das Bordnetz des Fahrzeugs geladen.

Fahrzeug längerfristig abgestellt (Fahrzeuggerät ohne Spannungsversorgung)

In dieser Betriebsart steht das Fahrzeug spannungslos im Betriebshof (No Power in Abb. 4.1). Mittels des Hauptschalters sind die gesamten elektrischen Anlagen des Triebfahrzeugs ausgeschaltet. Nachdem das Fahrzeuggerät über eine gewisse Zeit über eine Pufferbatterie gespeist wurde (bspw. 24h) wird es stromlos geschaltet. Da hierdurch auch das CBTC-Fahrzeuggerät spannungslos ist, kann dieses keine Überwachungsfunktionen ausführen. Um das Fahrzeug dennoch gegen unbeabsichtigte Bewegungen zu sichern, müssen hierfür beim Abstellen zusätzliche Bremsen aktiviert werden. Die Federspeicherbremse sichert das Fahrzeug hierbei gegen unbeabsichtigtes Wegrollen. Bei Spannungsverlust des Fahrzeuggeräts gehen auch Informationen über die letzte gültige Betriebsart des Fahrzeuggeräts und die Fahrzeugposition verloren. Zur Sicherstellung der ordnungsgemäßen Funktionalität des CBTC-Fahrzeuggeräts ist bei Wiederkehr der Spannungsversorgung ein Einschaltzyklus mit vollständiger Durchführung von Funktionstests zu durchlaufen.

4.1.4   Betriebsarten für Fahrten auf nicht mit CBTC ausgerüsteten Bestandsstrecken

In manchen Projekten muss von einer Bestandstechnik auf CBTC umgerüstet werden. Um dies zu unterstützen, kann ein spezieller Betriebsmodus für die Doppelausrüstung von Fahrzeugen umgesetzt werden.

Non Responsible/Other Train Control

Dieser Betriebsmodus erlaubt es, die CBTC-Fahrzeugausrüstung voll eingeschaltet zu lassen und der bereits vorhandenen Fahrzeugausrüstung des Bestandssystems die Verantwortung für die Zugsicherung zu übergeben. Dies erlaubt eine unverzügliche fahrzeugseitige Umschaltung auf CBTC-Betrieb beim Passieren einer Migrationsgrenze, bzw. einer Station, die zwischen dem Streckenbereich mit der vorhandenen Ausrüstung und dem neu ausgerüsteten Bereich liegt (Eichner und Uhrig 2021). Dieser Systemübergang kann als fahrende oder als stehende Transition (d. h. im Stillstand in einer Station) ausgeführt sein. Das Zustandsübergangsdiagramm skizziert hier nur Ansatzweise die möglichen Übergänge von und nach CBTC. Da auch aus den anderen zuvor dargestellten Betriebszuständen des CBTC-Fahrzeuggeräts Übergänge möglich sein können, führen die zusätzlichen Zustandsübergänge zu einer erheblichen Komplexitätszunahme des Systems.

4.2 Betriebsartenübergänge automatischer Zugbeeinflussungssysteme

Im folgenden Abschnitt wird beschrieben, wie Fahrzeuge in das manuelle Fahren unter Vollüberwachung des CBTC-Systems aufgenommen und aus dieser Betriebsart entlassen werden (vgl. Abschn. 4.2.1). Der Wechsel zwischen dem manuellen Fahren unter Vollüberwachung und dem automatischen Fahren unter Vollüberwachung ist in Abschn. 4.2.2 dargestellt. Anschließend wird dargestellt, wie eine Wechsel zwischen halb automatischem Betrieb und einer fahrerlosen Kehre (vgl. Abschn. 4.2.3) geschehen kann. Darüber hinaus wird beschrieben, wie im Falle von Störungen der Fahrzeug- oder Streckeneinrichtungen Betrieb durchgeführt werden kann (vgl. Abschn. 4.2.4). Abb. 4.1 zeigt eine Übersicht der Betriebsarten mit zwischen diesen bestehenden Übergängen (Transitionen). An dieser Stelle werden nur ausgewählte Transitionen exemplarisch erläutert, da eine umfassende Darstellung den Rahmen dieses Buches sprengen würde und die herstellerspezifischen Lösungskonzepte voneinander abweichen. Abschn. 4.2.5. stellt die Übergabe von Fahrzeugen an eine automatisierte Betriebsführung im Depot, bzw. eine Übernahme von Fahrzeugen von einer automatisierten Betriebsführung im Depot dar.

4.2.1 Wechsel zwischen Restricted Mode und Supervised Manual Mode

Das CBTC-System muss die räumliche Begrenzung des mit kontinuierlicher bidirektionaler Zugbeeinflussung ausgerüsteten Streckenbereichs kennen. Es muss rechtzeitig vor Aufnahme des Fahrzeugs in den Streckenbereich mit kontinuierlicher bidirektionaler Zugbeeinflussung geprüft werden, ob die CBTC-Fahrzeugeinrichtung des sich der Systemgrenze nähernden Fahrzeugs einwandfrei funktioniert. Dies schließt unter anderem einen Versionsabgleich zwischen fahrzeug- und streckenseitigem Streckenatlas mit ein, da dieser die gemeinsam verwendete Referenz für Positionsmeldungen der Fahrzeuge und Fahrbefehle der Streckeneinrichtung darstellt.

- *Prüfung erfolgreich:* Der Fahrzeugführer erhält eine Information auf der Führerstandsanzeige und bekommt dort die aktuellen Führungsgrößen für das manuelle Führen des Fahrzeugs in Vollüberwachung (Supervised Manual Mode) angezeigt. In diesem Fall ist es nicht erforderlich, dass der Zug anhält oder seine Geschwindigkeit bei Einfahrt in den mit kontinuierlicher bidirektionaler Zugbeeinflussung ausgerüsteten Streckenbereich reduziert (es sei denn, dies ist aus anderen betrieblichen Gründen erforderlich).
- *Prüfung nicht erfolgreich:* Der Fahrzeugführer erhält eine Information über die Störung des CBTC-Systems. In diesem Fall Übergabe von Fahrzeugen an eine automatisierte Betriebsführung im Depot, bzw. eine Übernahme von Fahrzeugen von einer automatisierten Betriebsführung im Depot dar. Andernfalls muss der Fahrer die geltenden betrieblichen Regeln (beispielsweise für das Fahren auf Sicht) beachten. Diese Fahrt auf Sicht wird im Restricted Mode durchgeführt.

Das CBTC-System muss auch für die Entlassung des Fahrzeugs aus dem mit kontinuierlicher bidirektionaler Zugbeeinflussung ausgerüsteten Streckenbereich seine Bereichsgrenzen kennen. Bevor ein Zug den Bereich mit kontinuierlicher bidirektionaler Zugbeeinflussung verlässt, muss der Fahrzeugführer einen visuellen Hinweis auf der Führerstandsanzeige erhalten, den dieser in der Regel quittieren muss.

- Der Hinweis auf das Verlassen des ausgerüsteten Streckenbereichs muss frühzeitig und in einer ausreichenden Distanz vor der Bereichsgrenze erfolgen.
- Sobald der Wechsel bekannt ist, wird das CBTC-System den Fahrer informieren, in welcher Automatisierungsstufe der Betrieb hinter der Systemgrenze fortgeführt werden soll.

Im normalen Betriebsgeschehen sollte es für den Zug nicht erforderlich sein, bei der Entlassung aus dem Betrieb mit dem kontinuierlichen bidirektionalen Zugbeeinflussungssystem seine Geschwindigkeit zu reduzieren, es sei denn, dies ist aus betrieblichen Gründen geboten.

4.2.2 Wechsel zwischen Supervised Manual Mode und Automatic Mode

Die Aktivierung des halb automatischen Fahrens (Automatic Mode) wird dem Fahrer in der Regel durch einen blinkenden Melder im Führerstand angezeigt. Hierbei müssen verschiedene Voraussetzungen gegeben sein.

- Der Rechner der Automatischen Fahr- und Bremssteuerung (Automatic Train Operation, ATO) ist verfügbar und funktionsfähig.
- Das sichere CBTC-Fahrzeuggerät befindet sich bereits in der Betriebsart Supervised Manual Mode. Dies bedeutet, dass eine gültige Fahrterlaubnis für das Fahrzeug vorliegt und das Fahrzeug somit Kenntnis über die zulässige Fahrweise hat.
- Die betrieblichen Voraussetzungen für den Beginn einer Fahrt im halb automatischen Betrieb sind erfüllt. Dies bedeutet, dass die Türen geschlossen sind, die Fahrtrichtung vorwärts ist, keine Notbremse aktiviert ist und sich der Fahr- und Bremshebel in neutraler Stellung befindet.

Mit Betätigung eines Starttasters übergibt der Fahrer die Verantwortung für die Regelung der Längsbewegung des Fahrzeugs (Bremsen und/oder Beschleunigen) an das Fahrzeuggerät. Das Fahrzeug wechselt dann in die Betriebsart Automatic Mode. Der Fahrer kann durch Auslenken des Fahr- und Bremshebels aus der neutralen Stellung jederzeit die Kontrolle über die Regelung der Längsbewegung des Fahrzeugs (Bremsen und/oder Beschleunigen) zurückerlangen. In diesem Fall wechselt das Fahrzeug in die Betriebsart Supervised Manual Mode.

4.2.3 Wechsel zwischen Automatic Mode und Automatic Reversal Mode

Der konkrete Ablauf der Übergabe und Übernahme des Fahrzeugs kann auch anhand einer fahrerlosen Kehrfahrt an der Linienendhaltestelle verdeutlicht werden (vgl. Abb. 4.2). Bei halbautomatisch betriebenen Strecken, kann eine fahrerlose Kehrfahrt betrieblich sinnvoll sein, da sie die technischen Wendezeiten verkürzt. Außerdem erhöht die fahrerlose Kehre den Komfort für den Fahrer (beispielsweise durch Witterungsschutz).

Der Ablauf der fahrerlosen Kehrfahrt im halb automatischen Betrieb ist in der nachfolgenden Tabelle dargestellt. Hierbei beschreibt die linke Tabellenspalte die Vorgehensweise bei einem Betrieb ohne Bahnsteigtüren (Klein 2009). Die rechte Tabellenspalte beschreibt einen möglichen Ablauf für einen Betrieb mit Bahnsteigtüren. Dort, wo beide Vorgehensweisen einander gleichen, sind die Tabellenspalten miteinander verbunden. Die jeweiligen Spezifika, die voneinander abweichen sind in der jeweiligen Spalte dargestellt.

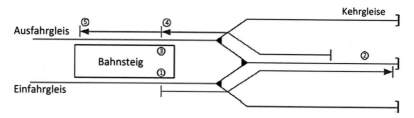

Abb. 4.2 Ablauf einer fahrerlosen Kehre im halb automatischen Betrieb

Kehrfahrt bei Betrieb ohne Bahnsteigtüren	Kehrfahrt bei Betrieb mit Bahnsteigtüren
Aus der Zuglenkung heraus wird für den in die Station eingefahrenen Zug die Sicherung des Fahrwegs aus der Station in die Kehranlage angestoßen.	
Nach erfolgreicher Sicherung des Fahrweges erhält der Fahrer auf der Führerstandsanzeige eine Anforderung zum Start der fahrerlosen Kehrfahrt.	
Der Fahrer verlässt das Fahrzeug und geht zu einem Schlüsselschalter am Ende des Bahnsteigs.	Der Fahrer verbleibt auf dem Fahrzeug.
Der Fahrer führt vom Bahnsteigende aus eine Sichtprüfung durch und prüft, ob der Gleisbereich zwischen Bahnsteigende und Kehranlage frei von Hindernissen ist. Er bestätigt dies bestätigt durch Betätigen des Schlüsselschalters am Bahnsteigende. Er erteilt damit einen Abfahrauftrag für den Zug zur Einfahrt in die Kehranlage (vgl. Ziffer 1 in Abb. 4.2).	Der Fahrer erteilt einen Abfahrauftrag für den Zug zur Einfahrt in die Kehranlage durch Betätigung einer Quittungstaste am aktiven (vorderen) Führerstand (Ziffer 1). Durch den baulichen Abschluss mit Bahnsteigtüren muss nicht mit Hindernissen in der Kehranlage gerechnet werden. Der Fahrer kann nun durch den Führerstand am anderen Ende des Zuges gehen.
Das Fahrzeug fährt selbsttätig in die Kehranlage ein und kommt dort im gewünschten Gleis vor dem Prellbock zum Stillstand.	
Der Zug rüstet automatisch den führenden Führerstand ab, wechselt den Führerstand und rüstet den Führerstand auf der anderen Fahrzeugseite für die Fahrt aus der Kehranlage auf (Ziffer 2).	
Aus der Zuglenkung heraus wird der Fahrweg für die Ausfahrt des Fahrzeugs aus der Kehranlage und die Einfahrt des Zuges in die Station eingestellt und technisch gesichert.	
Der Fahrer wechselt auf den gegenüberliegenden Bahnsteig und geht zum Schlüsselschalter am Bahnsteiganfang. Der Fahrer führt vom Bahnsteiganfang aus eine Sichtprüfung durch und prüft, ob der Gleisbereich zwischen Bahnsteiganfang und Kehranlage frei von Hindernissen ist (Ziffer 3). Er bekommt dazu angezeigt, dass der Fahrweg technisch gesichert ist.	Die Streckeneinrichtung erteilt nach erfolgreicher Fahrwegsicherung einen Abfahrauftrag für den Zug zur Ausfahrt aus der Kehranlage in das Stationsgleis (Ziffer 3). Das Fahrzeug verlässt die Kehranlage selbsttätig (Ziffer 4) und fährt selbsttätig bis zum Haltepunkt am Bahnsteigende des Stationsgleises (Ziffer 5). Durch den baulichen Abschluss mit Bahnsteigtüren muss nicht mit Hindernissen in der Kehranlage und im Stationsgleis gerechnet werden.
Das Fahrzeug fährt selbsttätig bis zu einer Übergabestelle am Bahnsteiganfang. Der Fahrer führt hierbei eine kontinuierliche Überwachung der Zugbewegung durch. In Notfällen kann der Zug jederzeit vom Fahrer durch Rückstellen des Schlüsselschalters zwangsgebremst werden. Das Fahrzeug kommt an der Übergabestelle am Bahnsteiganfang zum Stillstand (Ziffer 4).	
Der Fahrer steigt an der Übergabestelle in das Fahrzeug ein und besetzt den Führerstand. Der Fahrer setzt die Fahrt bis zum Haltepunkt im Ausfahrgleis der Station fort und überwacht den vor ihm liegenden Gleisbereich im Stationsbereich auf Freisein von Hindernissen. Der Fahrer bringt den Zug am Haltepunkt zum Stillstand (Ziffer 5).	
Der Fahrer erteilt eine Türfreigabe und überwacht den Fahrgastwechsel. Anschließend beginnt er die Zugfahrt zur nächsten Station.	

4.2.4 Wechsel zwischen Automatic Mode und Restricted Mode bei Störungen

Es ist betrieblich gefordert, auch im Falle einer Störung der CBTC-Einrichtungen oder der Datenkommunikation einen sicheren Zugbetrieb aufrecht zu erhalten. Hierbei ist jedoch die Leistungsfähigkeit der Strecke stark eingeschränkt, da nur ein Betrieb mit reduzierten Geschwindigkeiten und durch die großen Abstände der sekundären Gleisfreimeldung entsprechend großen Zugfolgezeiten möglich ist. Hieraus folgt, dass das CBTC-System so gestaltet werden muss, dass auch im Störungsbetrieb ein sicherer Betrieb auf der Rückfallebene möglich ist. Der Betreiber stellt möglicherweise Anforderungen an die Leistungsfähigkeit des Betriebs auf der Rückfallebene. Dies muss im Entwurf des Systems berücksichtigt werden. Auch im Störungsbetrieb sollte nach wie vor eine Überwachung der Fahrzeugbewegung möglich sein, ohne sich auf betriebliche Regelungen allein verlassen zu müssen. Dies kann entweder durch das CBTC-System selbst, ein konventionelles Zugsicherungssystem in der Rückfallebene oder eine Kombination aus beiden Systemen erreicht werden.

Für den Störungsbetrieb müssen zwei Arten von Ausfällen betrachtet werden:

- *CBTC-Systemausfälle, die alle Züge in einem Streckenbereich betreffen:* Für den Fall eines Systemausfalls, der alle mit CBTC ausgerüsteten Züge in einem Streckenbereich umfasst (beispielsweise der Ausfall eines CBTC-Streckengeräts oder der vollständige Ausfall der Datenkommunikation in einem Streckenbereich) müssen die Züge dennoch weiterhin sicher verkehren (vgl. IEEE 1474-2004):
  - gemäß der Vorgaben eines bestehenden (reduzierten) konventionellen Signalsystems,
  - unter strenger Beachtung betrieblicher Regelwerke (gegebenenfalls für das Fahren auf Sicht, welches dann in der Betriebsart Restricted Mode durchgeführt wird),
  - als Kombination aus beiden zuvor genannten Punkten.

In diesem Störungsbetrieb sollten Überwachungsfunktionen der CBTC-Fahrzeugeinrichtungen weiterhin aktiv sein (wenn dies sicherheitsförderlich ist). In der Praxis wird hier von den Fahrzeugeinrichtungen die zulässige Maximalgeschwindigkeit der Fahrzeuge im Störungsbetrieb überwacht (Restricted Mode).

- *CBTC-Systemausfälle, die einen Zug in allen Streckenbereichen betreffen*: Es gibt Fälle, in denen ein mit CBTC ausgerüsteter Zug in einem beliebigen Streckenbereich gestört ist. Beispiele hierfür sind Ausfälle des Datenkommunikationssystems eines Fahrzeugs oder ein Ausfall der Komponenten für die Weg- und Geschwindigkeitsmessung eines Fahrzeugs. Auch in diesem Störungsfall muss das CBTC-System einen sicheren Betrieb gewährleisten (vgl. IEEE 1474-2004):
  - gemäß den Vorgaben eines bestehenden (reduzierten) konventionellen Signalsystems,
  - innerhalb der Zuggeschwindigkeit, die vom Antriebssystem bereitgestellt werden kann (das betreffende Fahrzeug wird wegen der dauerhaft anstehenden Zwangsbremse in Folge der technischen Störungen vom Fahrer isoliert und verkehrt im Cut Out Mode),
  - unter strenger Beachtung betrieblicher Regelwerke für diesen Störungsfall,
  - als Kombination aus den zuvor genannten Punkten.

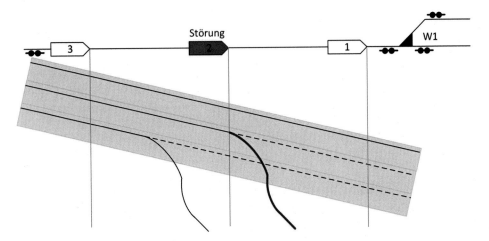

Abb. 4.3 Betriebliche Auswirkung eines gestörten CBTC-Fahrzeuggeräts in Zeit-Weg-Linien-Darstellung

In diesem Störungsbetrieb sollten Überwachungsfunktionen der CBTC-Streckeneinrichtung und in anderen CBTC-Fahrzeugsystemen in vollem Umfang aufrechterhalten werden. Abb. 4.3 zeigt ein Beispiel der betrieblichen Auswirkung einer Störung.

Im Störungsbetrieb wird das gestörte Fahrzeug (vgl. Fahrzeug 2 in Abb. 4.3) die fahrzeugseitig eingetretene Störung offenbaren. Ein Beispiel hierfür ist die Offenbarung einer Störung des Datenkommunikationssystems nach einer zu definierenden Anzahl erfolgloser Versuche des Verbindungsaufbaus zur CBTC-Streckeneinrichtung. In diesem Fall wird unmittelbar eine sicherheitsgerichtete Reaktion (Zwangsbremsung) vom Fahrzeuggerät umgesetzt. Das Fahrzeuggerät wechselt in die für den Störungsfall vorgesehene Betriebsart (Emergeny Brake). Durch die fahrzeugseitige Störung unterbleibt die zyklische Meldung des eigenen Fahrzeugstandortes an die CBTC-Streckeneinrichtung. Für den folgenden Zug 3 muss daher die letzte gültige übertragene Position des Hecks des vorausfahrenden Zuges 2 als bestehender Gefahrenpunkt angenommen werden. Das Fahrzeug 3 erhält daher von der CBTC-Streckeneinrichtung eine entsprechende Information und führt auf den Gefahrenpunkt eine Zielbremsung durch. Erst nach Quittierung durch den Fahrer darf Fahrzeug 3 mit einer überwachten geringen Geschwindigkeit weiterfahren, da der vorausliegende Streckenabschnitt durch ein Fahrzeug besetzt sein kann (Restricted Mode). An Bord von Fahrzeug 2 betätigt der Fahrer den Störschalter und führt das Fahrzeug gemäß der geltenden betrieblichen Regeln. Erst wenn das Fahrzeug über die Weichenverbindung 1 der Strecke ausgeschleust wurde und auch das sekundäre Gleisfreimeldesystem ein konsistentes Ergebnis meldet, kann der Betrieb auf der Linie wieder in den Regelbetrieb (manuelles Fahren unter Vollüberwachung oder automatisches Fahren unter Vollüberwachung) übergehen.

4.2.5 Automatisierte Betriebsführung im Depot

Betriebshöfe haben lediglich eine betriebliche Funktion, jedoch keine verkehrliche Bedeutung. Die Züge verkehren hier mit geringeren Geschwindigkeiten und sind nicht mit Fahrgästen besetzt. Außerdem sind Betriebshöfe weiträumig abgezäunt und es verkehrt hier nur vom Betreiber sicherheitsunterwiesenes Personal. Die Gefährdungsbeherrschung gestaltet sich also im Betriebshof deutlich einfacher, weshalb sich die Vollautomatisierung der Fahrzeugbewegungen im Betriebshof – auch bei Systemen, die im Fahrgastbetrieb nur halbautomatisch betrieben werden – weltweit zunehmend durchsetzt. Hierbei sind zwei Betriebsartenübergänge zu unterscheiden:

- *Übernahme des Fahrzeugs vom halbautomatischen Betrieb auf der Strecke in den vollautomatischen fahrerlosen Betrieb im Betriebshof:* Der Fahrer fährt mit dem Fahrzeug in den Übergabebahnsteig an der Grenze des Betriebshofs ein. Der Fahrer verlässt das Fahrzeug und übergibt die vollständige Kontrolle über das Fahrzeug an das CBTC-System. Das Fahrzeug verlässt den Übergabebahnsteig und fährt vollautomatisch fahrerlos in den Betriebshof ein.
- *Vollautomatischer fahrerloser Betrieb des Fahrzeugs im Betriebshof:* Das Fahrzeug durchläuft im Betriebshof die dort geplanten Arbeitsabläufe (beispielsweise Innen- und Außenreinigung, Waschen, Instandhaltung, Abstellung) und fährt diese Stationen vollautomatisch fahrerlos an.
- *Übergabe des Fahrzeugs vom vollautomatischen fahrerlosen Betrieb im Betriebshof in den halbautomatischen Betrieb auf der Strecke:* An der Grenze des Betriebshofs wird ein Übergabebahnsteig eingerichtet. Das Fahrzeug wird vollautomatisch fahrerlos am Übergabebahnsteig bereitgestellt. Der Fahrer betritt das Fahrzeug am Übergabebahnsteig und übernimmt dort die Kontrolle über das Fahrzeug vom CBTC-System. Er verlässt mit dem Fahrzeug unter Fahrerverantwortung die Übergabeplattform und nimmt halb automatisch seine fahrplanmäßige Fahrt auf.

Literatur

Eichner, Dominique und Björn Uhrig: Innovationen in CBTC-Anwendungen. In: Signal + Draht 113, 9/2021, S. 34–44.

IEEE 1474.1-2004. IEEE standard for Communications-Based Train Control (CBTC) performance and functional requirements

Klein R (2009) Die Möglichkeit der fahrerlosen Kehrfahrt bei der Münchner U-Bahn. Signal + Draht 101(10):16–17

Hauptfunktionen automatischer Zugbeeinflussungssysteme

Automatische Zugbeeinflussungssysteme weisen einen weitreichenden Funktionsumfang auf. Ausgehend von den Anforderungen an die sichere Durchführung des Bahnbetriebes zeigt dieses Kapitel systematisch die Hauptfunktionen automatischer Zugbeeinflussungssysteme auf. Ausgangspunkt der Darstellung ist die Sicherung der Zugbewegung, welche grundlegende Sicherungsfunktionen umfasst (Abschn. 5.1). Hierauf aufbauend werden weitergehende automatisierungstechnische Funktionen zum Fahren des Fahrzeugs vorgestellt (Abschn. 5.2). Mit der Überwachung der Profilfreiheit (Abschn. 5.3) und der Sicherung des Fahrgastwechsels (Abschn. 5.4) werden weitere für eine höhere Automation erforderliche Funktionen vorgestellt. Auf dem Weg zu einem vollständig fahrerlosen Betrieb müssen weitere Funktionen technisch realisiert oder zumindest unterstützt werden wie der automatische Zugbetrieb (Abschn. 5.5) sowie die Störfallerkennung und das Störfallmanagement (Abschn. 5.6). Die einzelnen Sicherungsfunktionen werden nachfolgend vorgestellt.

5.1 Hauptfunktion Sichern der Zugbewegung

Die Hauptfunktion der Sicherung der Zugbewegungen besteht aus mehreren Oberfunktionen. Diese Oberfunktionen werden nachfolgend dargestellt.

5.1.1 Oberfunktion Sichern des Fahrwegs

Ein CBTC-System muss Fahrwegsicherungsfunktionen erfüllen, die denen konventioneller Stellwerkstechnik entsprechen. Hierdurch werden Kollisionen und Entgleisungen von Zügen vermieden. Dies umfasst verschiedene Sicherungsfunktionen zur Beherrschung

© Springer-Verlag GmbH Deutschland, ein Teil von Springer Nature 2022
L. Schnieder, *Communications-Based Train Control (CBTC)*,
https://doi.org/10.1007/978-3-662-65285-5_5

von Risiken, die zum Entgleisen oder zu Kollisionen von Zügen führen können (Maschek 2018).

Die *Entgleisung* wird durch die folgenden Maßnahmen verhindert:

- *Sicherung der beweglicher Fahrwegelemente (Weichen):* Die Weichen werden in die korrekte Endlage gebracht und in dieser verschlossen. Dieser Verschluss muss solange wirken, wie der betreffende Streckenabschnitt mit der Weiche von einem Zug belegt wird. Um ein Umstellen der Weiche unter einem fahrenden Zug und damit eine Entgleisung zu verhindern, müssen neben dem eigentlichen Weichenverschluss (formschlüssige Verriegelung der Weichenzunge in Endlage) weitere Schutzmaßnahmen ergriffen werden (logischer Fahrstraßenverschluss).
- *Schutz vor unstetigen Stellen im Fahrweg:* Da ein Schienenbruch zu Entgleisungen von Zügen führen kann, fordern manche Aufsichtsbehörden die technische Realisierung einer Schienenbrucherkennung. Dies kann technisch beispielsweise durch Gleisstromkreise erfolgen.

Die *Kollision* wird durch die folgenden Maßnahmen verhindert:

- *Schutz vor systemeigenen Fahrzeugen.* Dies umfasst neben einem wirksamen Ausschluss von *Gegenfahrten* auch die Vermeidung einer seitlichen Einfahrt eines Zuges über eine Weichenverbindung in einen für einen anderen Zug freigegebenen Fahrweg (so genannte *Flankenfahrt*). Für den Flankenschutz werden in der Planung Flankenschutzeinrichtungen (beispielsweise Schutzweichen, Gleissperren oder Lichtsignale) vorgesehen.
- *Schutz vor externen Objekten.* Können externe Einrichtungen, wie beispielsweise Fluttore oder bewegliche Brücken das Lichtraumprofil des Zuges verletzen, müssen diese vor Zulassung einer Zugfahrt in ihre korrekte Endlage gebracht und in dieser verschlossen werden. Sie dürfen ihre korrekte Endlage auch nicht während einer freigegebenen Zugfahrt verlassen.
- *Schutz vor systemfremden Verkehrsteilnehmern an niveaugleichen Kreuzungen:* Ein CBTC-System kann Schnittstellen zu Bahnübergangssicherungseinrichtungen oder Lichtsignalanlagen aufweisen. Auf diese Weise soll sichergestellt werden, dass die Fahrt eines Zuges nur dann zugelassen wird, wenn eine Gefährdung durch systemfremde Verkehrsteilnehmer ausgeschlossen wurde. Hierbei müssen Bahnübergänge und Lichtsignalanlagen vor der Befahrung durch den Zug eingeschaltet und vom Zug nach der Befahrung wieder ausgeschaltet werden. Die Einschaltung kann bei hinter Bahnsteigen liegenden Lichtsignalanlagen und Bahnübergängen zeitverzögert erfolgen. Räumt ein Zug einen Bahnübergang oder eine Lichtsignalanlage mit mehreren Streckengleisen muss die Sicherung auch dann aufrechterhalten werden, wenn innerhalb eines vordefinierten Zeitfensters ein Zug in Gegenrichtung den Bahnübergang wieder einschalten würde. Ziel der Funktion ist es, einen gesicherten Bewegungsraum für die exklusive Durchführung einer spezifischen Zugbewegung zu schaffen (Ritter 2014).

It´s a Match!

You and **PSI Transcom** will like each other

scan me
N O W

optimize.
design.
control.

www.psitranscom.de

5.1.2 Oberfunktion Sichern der Abstandshaltung

CBTC-Systeme unterstützen ein Fahren im wandernden Raumabstand (englisch: *Moving Block*). Für die Sicherung der Zugfolge muss ein plötzliches Anhalten des vorausfahrenden Zuges angenommen werden. Die relevante Norm spricht hier plakativ von einem „Brick Wall Stop". Dies bedeutet, dass in CBTC-Systemen ein Fahren im absoluten Bremswegabstand realisiert wird. Hierbei wird zwischen den Fahrzeugen stets der vollständige Bremsweg mit einem zusätzlichen Sicherheitszuschlag freigehalten (Abb. 5.1). Folgen nicht CBTC-geführte Züge einander, können diese einander nur im festen Raumabstand (englisch: *Fixed Block*), das heißt im Abstand der reduzierten Freimeldeabschnitte (so genannte sekundäre Freimeldung) folgen. CBTC-Systeme ermitteln für den Zug den freigegebenen Fahrweg und das Ende der Fahrerlaubnis. Das Ende der Fahrerlaubnis ist die restriktivste Bedingung von folgenden:

- Das Ende der Fahrerlaubnis wird vom Zugende eines vorausfahrenden Zuges von dessen Ortungsfunktion unter Berücksichtigung seiner Ortungsungenauigkeit bestimmt.
- Das Ende der Fahrerlaubnis ergibt sich aus der Grenze eines Fahrwegabschnitts, der von einem nicht mit CBTC ausgerüsteten Zug belegt wird. Die Länge dieses Fahrwegabschnittes richtet sich nach der Abschnittsteilung des sekundären Gleisfreimeldesystems.
- Das Ende der Fahrerlaubnis liegt am Ende eines Gleises, bzw. vor einem Prellbock.
- Das Ende der Fahrerlaubnis ist eine Einfahrt in einen Stellwerksbereich, wo die Fahrstraße nicht mit allen Sicherungsbedingungen eingelaufen ist („Fahrt auf Ersatzsignal").
- Das Ende der Fahrerlaubnis ist die Grenze eines Fahrwegabschnitts, für den eine Gegenfahrt zugelassen ist.
- Das Ende der Fahrerlaubnis ist die Einfahrt in einen Streckenabschnitt mit einem Bahnübergang, der in seiner Funktionsweise gestört ist.
- Das Ende der Fahrerlaubnis ist die Grenze eines Fahrwegabschnitts mit eingerichteten Befahrbarkeitssperre (beispielsweise bei Baumaßnahmen, Brandereignissen oder abgeschalteter Traktionsstromversorgung).

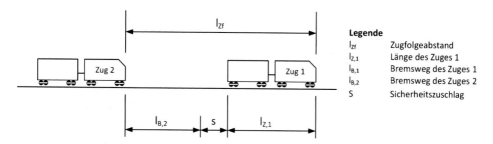

Abb. 5.1 Sicherung des Fahrens im absoluten Bremswegabstand (Pachl 2016)

- Das Ende der Fahrerlaubnis ist eine Einfahrt in einen Streckenbereich, für den das Fahrzeug nicht geeignet ist. Hierbei kann es sich zum Beispiel um ein unpassendes Lichtraumprofil oder ein ungeeignetesTraktionsstromsystem handeln.

5.1.3   Oberfunktion Sichern der Geschwindigkeit

Durch die Oberfunktion „Sichern der Geschwindigkeit" sollen Gefährdungen aus dem Betrieb beherrscht werden:

- Vermeidung von *Entgleisungen* aufgrund unzeitiger Fahrtaufnahme und unangepasster Geschwindigkeiten beim Befahren des Fahrweges (insbesondere in Weichenbereichen und Gleisbögen.)
- Vermeidung von *Kollisionen* aufgrund unzeitiger Fahrtaufnahme, bzw. bei Annäherung an sicherungstechnisch erfassbare Hindernisse mit unangepasster Geschwindigkeit.

Diese Oberfunktion umfasst ihrerseits die Funktion des Erteilens der Fahrerlaubnis unter Berücksichtigung der zulässigen Geschwindigkeiten sowie die Funktion des Überwachens der Fahrbewegung innerhalb der vorgegebenen zulässigen Grenzen.

Funktion Erteilen der Fahrerlaubnis unter Berücksichtigung der zulässigen Geschwindigkeiten

Für das Verständnis der Randbedingungen der Erteilung der Fahrerlaubnis muss zunächst der Begriff des statischen Geschwindigkeitsprofils vom Begriff des dynamischen Geschwindigkeitsprofils differenziert werden.

Das *statische Geschwindigkeitsprofil* umfasst infrastrukturelle Gegebenheiten (Gleisneigungen und Gefälle), Streckenhöchstgeschwindigkeiten, dauerhafte Geschwindigkeitseinschränkungen, Bahnsteiggleise mit eingeschränkter Durchfahrgeschwindigkeit (beispielsweise Stationsgleise) sowie von den Zuständen der Fahrwegelemente abhängige Geschwindigkeitsvorgaben (zulässige Weichengeschwindigkeiten insbesondere im abzweigenden Strang). Im CBTC-Fahrzeuggerät wird hierbei unter Berücksichtigung fahrzeugseitiger Vorgaben (wie beispielsweise die Zuglänge) ein für das Fahrzeug gültiges individuelles statisches Geschwindigkeitsprofil berechnet (vgl. Abb. 5.2).

Die statischen Geschwindigkeitsvorgaben können auf Betreiberwunsch im Sinne des Einrichtens und Rücknehmens vorübergehender Langsamfahrstellen aktiv aus der Leitstelle geändert werden. Aus der Leitstelle heraus können Langsamfahrstellen eingerichtet werden. Befehle zur Einrichtung einer vorübergehenden Langsamfahrstelle gehören zu den sicherheitskritischen Befehlen in CBTC-Systemen. Vor Aktivierung einer vorübergehenden Langsamfahrstelle muss der Bediener in der Leitstelle daher sicherstellen, dass sich kein Zug auf der Strecke befindet. Der Bediener der Leitstelle aktiviert die vorübergehenden Langsamfahrstelle mit einer registrierpflichtigen Bedienhandlung. Er wählt den

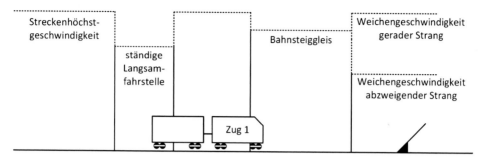

Abb. 5.2 Statisches Geschwindigkeitsprofil (VDV 2014)

Befehl zur Einrichtung einer vorübergehenden Langsamfahrstelle aus und quittiert diesen am Bedienplatz innerhalb eines definierten Zeitfensters. Nach der Quittierung wird die neue Geschwindigkeitsbeschränkung an das CBTC-Streckengerät weitergeleitet. Im CBTC-Streckengerät werden die Streckendaten im Streckenatlas aktualisiert. Das CBTC-Streckengerät verfolgt das Fahrzeug über die von diesem ausgesendete Postionsmeldungen wären der gesamten Fahrt entlang der Strecke. Eine vorübergehende Langsamfahrstelle wird genau dann von der Strecke an das Fahrzeug übertragen, wenn sie für die aktuelle Position des Fahrzeugs relevant wird. Hierfür wird der Fahrbefehl, der normalerweise nur aus einem definierten Wegpunkt entlang der Strecke besteht, um zusätzliche dynamische Informationen ergänzt. Durch den Telegrammverkehr vom Fahrzeug zur Strecke mit Quittierungen wird sichergestellt, dass das Fahrzeug die restriktiven Geschwindigkeitsvorgaben der vorübergehenden Langsamfahrstelle auch tatsächlich einhält. Umgekehrt verhält es sich mit der Rücknahme einer vorübergehenden Langsamfahrstelle. Hierbei wird die vorübergehende Langsamfahrstelle aus dem Streckenatlas der Streckeneinrichtung gelöscht. In diesem Fall wird nur noch der reguläre Fahrbefehl von der Strecke zum Fahrzeug übermittelt. Die zusätzlichen vom Fahrzeug zu quittierenden dynamischen Informationen entfallen. Das Fahrzeug kann sich nunmehr die zulässige Fahrweise aus den Angaben des Streckenatlasses im Fahrzeuggerät wieder selbst ermitteln.

Das *dynamische Geschwindigkeitsprofil* (Sicherheitsprofil) wird im CBTC-Fahrzeuggerät aus den Angaben des statischen Geschwindigkeitsprofils berechnet (vgl. Abb. 5.3). Es bildet die zulässige Geschwindigkeit des Fahrzeugs an jedem Punkt der Strecke bis zum Ende der aktuell gültigen Fahrerlaubnis ab. Hierbei gewährleistet die *Betriebsbremskurve*, dass an den jeweiligen Zielpunkten die dort gültigen Geschwindigkeitsvorgaben eingehalten werden sowie das Fahrzeug am Ende der Fahrterlaubnis zum Stillstand kommt. Das Ende des Fahrterlaubnisbereichs ist somit zugleich der Fußpunkt der Betriebsbremskurve. Die Betriebsbremsung ist die Bremsung des Fahrzeugs bis zu einer gewünschten Geschwindigkeit oder bis zum Stillstand des Zuges ohne Gefährdung der Fahrgäste. Bei der Betriebsbremsung dürfen aus Sicherheits- und Komfortgründen für stehende Fahrgäste keine unzulässigen Dauerbremsverzögerungen auftreten. Die *Zwangsbremskurve* stellt sicher, dass das Fahrzeug bei Wahrnehmung einer Gefahr auf jeden Fall innerhalb der Schutzstrecke zum Stillstand kommt. Bei dieser Bremsung treten erhöhte

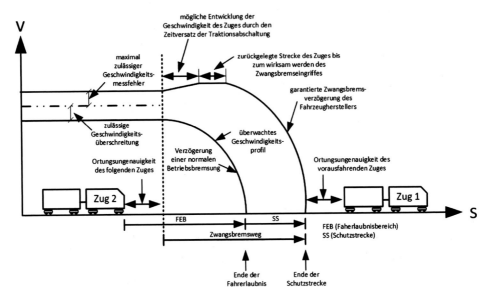

Abb. 5.3 Überwachung der sicheren Bremskurve in der CBTC-Fahrzeugeinrichtung (in Anlehnung an IEEE 1474 2004)

Verzögerungen auf. Die dabei mögliche Gefährdung der Fahrzeuginsassen wird ausgehend von der Gesamtgefährdung hingenommen (TR Bremse 2008). Das Ende der Schutzstrecke ist also der Fußpunkt der Zwangsbremskurve.

In die Berechnung der Bremskurvenschar (bestehend aus Betriebs- und Zwangsbremse) fließen verschiedene Angaben ein wie beispielsweise

- die zulässige Zuglänge
- die vom CBTC-System zugelassene Überschreitung der Maximalgeschwindigkeit,
- der maximale Geschwindigkeitsmessfehler der CBTC-Fahrzeugeinrichtung,
- die maximal mögliche Beschleunigung des Zuges zum Zeitpunkt, zu dem eine Geschwindigkeitsüberschreitung festgestellt wird,
- die Ansprechzeit für die Traktionsabschaltung
- die *Ansprechzeit* für die Zwangsbremse nach Feststellung einer Geschwindigkeitsüberschreitung durch das CBTC-Fahrzeuggerät. Die Ansprechzeit ist die Summe aus Verzugs- und Aufbauzeit. Als *Verzugszeit (Totzeit)* gilt der Zeitabschnitt, der mit der Einleitung einer Änderung der Bremsanforderung (Anlegen oder Lösen) beginnt und endet, wenn 10 % der vorgegebenen Verzögerung erreicht worden sind. Als *Aufbauzeit (Schwellzeit)* gilt der Zeitabschnitt, der beginnt, wenn 10% der vorgegebenen Verzögerung erreicht worden sind (Ende der Verzugszeit) und endet, wenn 90% der vorgegebenen Verzögerung erreicht worden sind (TR Bremse 2008).
- die garantierte Bremsverzögerung der Betriebsbremse und der Zwangsbremse, sowie
- Gradienten (insbesondere Gefälle) im Sinne einer notwendigen Verstärkung der erforderlichen Bremskraft bei einer Gefällefahrt.

Bei der Berechnung der Bremskurve kommt der vom Fahrzeughersteller *garantierten Bremskurve* eine große Bedeutung zu. Hierbei müssen die folgenden Aspekte mit berücksichtigt werden:

- die Bremseigenschaften des Fahrzeugs bei ebener Strecke,
- die Bremseigenschaften des Fahrzeugs bei verschiedenen möglichen Umweltbedingungen,
- eine Worst-case-Abschätzung von Latenzzeiten im Bremssystem (Zeitversatz der Traktionsabschaltung und Zeitversatz bis zum Wirksamwerden des Zwangsbremseingriffs).
- die Berücksichtigung der maximalen Fahrzeugbesetzung (plus Schnee- und Eislasten), sowie
- die Reibungsbedingungen zwischen Rad und Schiene (hohe oder niedrige Reibungskoeffizienten).

Am Ende einer Langsamfahrstelle erfolgt ein Geschwindigkeitswechsel auf einen höheren Wert. Hierbei muss das Sicherungsprofil in Abhängigkeit der Zuglänge sicherstellen, dass die niedrigere Geschwindigkeit so lange wirkt, bis der Zugschluss den Bereich der Geschwindigkeitseinschränkung verlassen hat (vgl. Abb. 5.4).

Das CBTC-System muss für die Bestimmung des Fahrprofils den Ort, die Geschwindigkeit und die Fahrtrichtung jedes mit CBTC ausgerüsteten Fahrzeugs kennen. Hierbei muss die Ortung eines CBTC-Zuges sicher und genau (das heißt in ausreichender Auflösung) sowohl die Spitze als auch das Ende des Zuges bestimmen. Die Bestimmung der Ortungsinformation muss sich selbst initialisieren. Das bedeutet, dass ein Fahrzeug mit Eintritt in den CBTC-Bereich selbst seine Position ermitteln muss. Gleiches gilt bei Wiederherstellung der Funktion nach einem Ausfall. Hierbei muss das Fahrzeug seine Position und Länge ohne manuelle Eingabe ermitteln können.

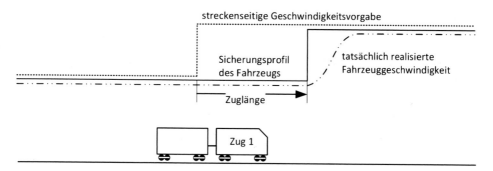

Abb. 5.4 Sicherungsprofil bei Geschwindigkeitswechseln auf einen höheren Wert (VDV 2014)

Funktion Überwachen der Fahrzeugbewegung innerhalb der vorgegebenen zulässigen Grenzen

An jedem Ort ist die durch das Sicherungsprofil vorgegebene erlaubte Fahrgeschwindigkeit zu überwachen (Ritter 2014). Dies umfasst die folgenden Aspekte:

- Bestimmen der aktuellen Geschwindigkeit des Zuges,
- Bestimmen des eigenen Fahrzeugortes relativ zum Sicherungsprofil,
- Vergleich der aktuellen Geschwindigkeit mit den Vorgaben des Sicherungsprofils,
- Anfordern der Zwangsbremsung wegen Geschwindigkeitsüberschreitung, sowie die
- Rücknahme des Zwangsbremskommandos nach Unterschreiten der maximal zulässigen Geschwindigkeit

Zur Überwachung der zulässigen Geschwindigkeit des Zuges ist die Ortung des Fahrzeugs essentiell. Das CBTC-System muss Messungenauigkeiten der Ortung und Geschwindigkeitsmessung beherrschen. Hierbei müssen einerseits zufällige Messfehler korrigiert werden und systematische Messfehler vermieden werden:

- *Zufällige Messfehler:* Beruht das Funktionsprinzip der Weg- und Geschwindigkeitsmessung ausschließlich auf Drehzahlsensoren, so führt mit zunehmender Geschwindigkeit der Schlupf (das heißt das Schleudern oder Gleiten) bei angetriebenen oder gebremsten Achsen von Zügen zu einem zufälligen Messfehler. Auch bei vom Rad-Schiene-Kontakt unabhängigen Sensorprinzipien können sich sporadisch wirkende Umwelteinflüsse auf das Messergebnis auswirken. Bei Doppler Radarsensoren kann eine Vereisung des Radarsensors oder eine eingeschränkte Reflektion durch Wasser im Gleis die gemessene Relativgeschwindigkeit über Grund verfälschen.
- *Systematische Messfehler:* Durch den Verschleiß der Radreifen oder einen Radsatzwechsel kommt es bei einer auf Drehzahlsensoren basierenden Weg- und Geschwindigkeitsmessung zwangsläufig zu Abweichungen des wahren Wertes vom gemessenen Wert. Wird hier der Raddurchmesser in der Software des Fahrzeuggeräts nicht korrigiert, werden die gezählten Radumdrehungen systematisch mit dem falschen Radumfang multipliziert. Auch bei vom Rad-Schiene-Kontaktakt unabhängige Sensorprinzipien können sich systematische Fehler auf das Messergebnis auswirken. Erfolgt die Montage eines Doppler Radarsensors fehlerhaft (bspw. verdreht) oder wird ein fehlerhafter Kalibrierungswert verwendet, ist die vom Sensor gemessene Relativgeschwindigkeit fehlerbehaftet.

Um die zuvor genannten Aspekte zu beherrschen und eine möglichst hohe Ortungsgenauigkeit zu erhalten, werden einerseits mehrere unterschiedliche Sensorprinzipien miteinander verknüpft (Diversität). Hierdurch gleichen sich die Stärken und Schwächen der innerhalb einer Odometrieplattform verwendeten Sensoren aus. Ebenso ergeben sich für die Instandhaltung möglicherweise Anforderungen an eine regelmäßige Kalibration, sofern dies nicht durch geeignete Algorithmen seitens des CBTC-Systems kompensiert wird.

Die Hersteller verwenden für ihre CBTC-Systeme unterschiedliche Komponenten für die Weg- und Geschwindigkeitsmessung. Diese werden nachfolgend vorgestellt.

Drehzahlsensoren: Alle CBTC-Systeme verwenden an nicht angetriebenen und/oder gebremsten Achsen des Fahrzeugs montierte Drehzahlsensoren. Diese werden oftmals an den Achslagern montiert. Drehzahlsensoren verfügen unabhängig von ihrem jeweiligen Wirkprinzip über zwei Sensorelemente, die zwei phasenverschobene Sensorsignale erzeugen. Aus der Phasenverschiebung der Sensorsignale lässt sich die Fahrtrichtung (FR) des Zuges bestimmen. Jeder Sensor erzeugt eine Anzahl von Wegimpulsen pro Messzyklus (WI). Gleichzeitig ist die Anzahl der Wegimpulse pro Radumdrehung bekannt (W). Ist der im Fahrzeugrechner eingegebene Raddurchmesser bekannt (d_r), kann hieraus die in einem Zeitinkrement der zurückgelegte Teilweg mit dem folgenden Zusammenhang ermittelt werden:

$$S_{Teilweg} = FR \times \pi \times d_r \times \frac{WI}{W} \tag{5.1}$$

Grundsätzlich können für Drehzahlsensoren zwei unterschiedliche Wirkprinzipien unterschieden werden:

- Drehzahlsensoren tasten ein ferromagnetisches Messzahnrad berührungslos ab. Die Sensoren zählen auf diese Weise die Anzahl der Achsumdrehungen in einem bestimmten Zeitintervall (vgl. Abb. 5.5a auf der linken Seite).
- Drehzahlsensoren arbeiten als optisches System im Infrarotbereich. Der kontinuierliche Lichtstrom einer Sendediode wird durch eine rotierende Lochscheibe unterbrochen. Der Empfangstransistor erfasst den pulsierenden Lichtstrom und erzeugt eine Frequenz proportional zur Drehzahl der Achse (vgl. Abb. 5.5b auf der linken Seite).

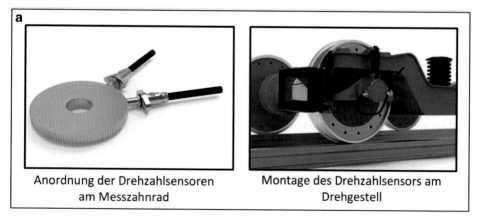

Anordnung der Drehzahlsensoren   Montage des Drehzahlsensors am
am Messzahnrad   Drehgestell

Abb. 5.5a Verwendung von Drehzahlsensoren mit ferromagnetischem Messprinzip für die Weg- und Geschwindigkeitsmessung. (Quelle: Lenord, Bauer & Co. GmbH)

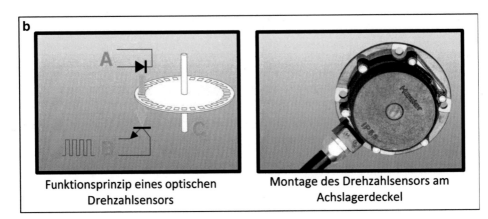

Funktionsprinzip eines optischen
Drehzahlsensors

Montage des Drehzahlsensors am
Achslagerdeckel

Abb. 5.5b Verwendung von Drehzahlsensoren mit fotoelektrischem Wirkprinzip für die Weg- und Geschwindigkeitsmessung. (Quelle: HASLERRAIL AG)

Für eine genaue Weg- und Geschwindigkeitsmessung stellt der Schlupf, das heißt das bei Schienenfahrzeugen prinzipbedingte Gleiten und Schleudern von Stahlrädern auf Schienen aus Stahl eine Herausforderung dar. Eine ausschließlich auf Messungen an den Radsätzen basierende Weg- und Geschwindigkeitsmessung wird folglich bei höheren Geschwindigkeiten wegen des Schlupfes zunehmend ungenau. Allerdings kann diese Problemstellung durch zusätzliche technische Maßnahmen beherrscht werden. Hierfür kann beispielsweise ein zusätzlicher Drehzahlsensor zur Messung der Motordrehzahl installiert werden. Dies ermöglicht durch die Berücksichtigung der bekannten Übersetzung des Getriebes die Berechnung des theoretisch zurückgelegten Weges, bzw. die korrespondierende Geschwindigkeit des Zuges. Durch den Vergleich mit den auf Grundlage der an der Achse montierten Drehzahlsensoren ermittelten Weg- und Geschwindigkeitsinformationen, bzw. den hieraus abgeleiteten Differenzen kann die Weg- und Geschwindigkeitsmessung um den Anteil des Schlupfes korrigiert werden.

Doppler Radarsensoren: Um unabhängig von der Radumdrehung die Geschwindigkeit eines Schienenfahrzeuges zu messen, werden zusätzliche Sensorprinzipien zur Distanz- und Geschwindigkeitsmessung der Züge verwendet. Unter dem Fahrzeug installierte Radarsensoren strahlen in das Gleisbett. Das Sensorprinzip geht davon aus, dass die ausgesendete Radarstrahlung durch die raue Oberfläche des Gleisbettes teilweise wieder zu einem Empfänger reflektiert wird. Zur Auswertung wird die empfangene Frequenz des vom Sensor ausgesendeten Signals mit der Frequenz des empfangenen Signals verglichen. Durch den Dopplereffekt kann aus dem Betrag der beobachteten Frequenzverschiebung die Relativgeschwindigkeit des Wagenkastens über Grund ermittelt werden. Aus dem Vorzeichen der Frequenzverschiebung kann die Fahrtrichtung des Fahrzeugs abgeleitet werden. Abb. 5.6 zeigt ein Beispiel für in der Praxis eingesetzte Doppler Radarsensoren. Für einen Einsatz bei winterlichen Bedingungen kann der Radarsensor um eine Schneeschutzhaube ergänzt werden.

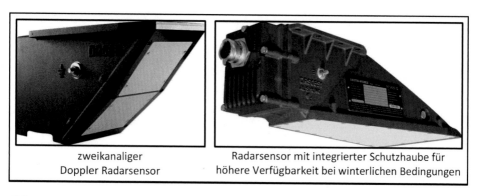

| zweikanaliger Doppler Radarsensor | Radarsensor mit integrierter Schutzhaube für höhere Verfügbarkeit bei winterlichen Bedingungen |

Abb. 5.6 Verwendung von Doppler Radarsensoren für die Weg- und Geschwindigkeitsmessung. (Quelle: Deuta-Werke GmbH)

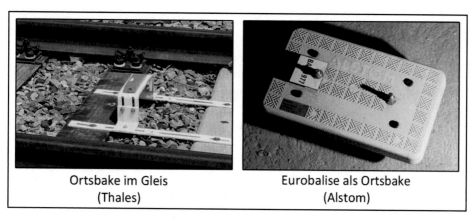

| Ortsbake im Gleis (Thales) | Eurobalise als Ortsbake (Alstom) |

Abb. 5.7 Montage der Ortsbaken im Gleis. (Quelle: eigene Abbildung (links) und Alstom Transport Deutschland GmbH (rechts))

Beschleunigungssensoren: Mit eindimensionalen Beschleunigungssensoren lässt sich die Änderung der Geschwindigkeit des Fahrzeugs in der Ausrichtung des Beschleunigungssensors bestimmen. Diese Sensoren sind vom Rad-Schiene-Kontakt unabhängig und können die prinzipbedingten Nachteile von Wegimpulsgebern daher ausgleichen.

Ortsbaken: Allen CBTC-Systemen ist gemein, dass sie zusätzlich zu den verschiedenen Sensorsystemen in regelmäßigen Abständen ihre Positionen an ortsfesten Synchronisationspunkten korrigieren. Hierfür werden in regelmäßigen Abständen Ortsbaken im Gleis verlegt. Teilweise adaptieren die Hersteller hierfür die im Rahmen des einheitlichen europäischen Zugsicherungssystems (European Train Control System, ETCS) standardisierte Eurobalisen (vgl. Abb. 5.7). Diese werden von den Fahrzeugen beim Überfahren ausgelesen.

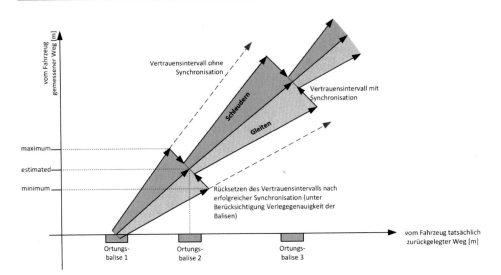

Abb. 5.8 Beherrschung der Ortungsungenauigkeit durch regelmäßige Synchronisation der Weg- und Geschwindigkeitsinformationen an festen Ortsmarken

Die Ortsbaken erfüllen mehrere Funktionen:

- Die erste zentrale Funktion der Ortsbaken ist die *Erhöhung der Ortungsgenauigkeit.* Abb. 5.8 zeigt, wie in Abhängigkeit der vom Fahrzeug zurückgelegten Strecke durch den Schlupf (Schleudern und Gleiten) die Unsicherheit der Weg- und Geschwindig- keitsmessung (Abweichen von gemessener Entfernung zu tatsächlich zurückgelegter Entfernung) zunimmt. Dieses Konfidenzintervall wird bei Überfahrt einer Ortsbake reduziert. Hierbei ist allerdings keine komplette Reduktion der Unsicherheit zu erwar- ten. Dies liegt zum einen in der realisierbaren Verlegegenauigkeit der Ortsbake im Gleis begründet. Zum anderen findet physikalisch bedingt die Übertragung der Daten- pakete nicht an einem diskreten Punkt statt. Vielmehr wird die passive Ortsmake im Gleis schon vor Überfahrt durch die Antenne (durch die kegelförmige Wellenausbrei- tung) aktiviert und sendet Daten an das Fahrzeug. Soll also eine hohe Ortungsgenauig- keit erreicht werden (beispielsweise für das positionsgenaue Halten an Bahnsteigtüren im Stationsbereich), werden diese Synchronisationspunkte in entsprechend kurzen Ab- ständen verlegt und bei Bedarf auch noch hoch genau eingemessen.
- Die zweite zentrale Funktion der Ortsbaken ist die *korrekte Positionierung des Zuges im Gleis.* Der Streckenatlas im CBTC Strecken- und Fahrzeuggerät enthalten die Orts- baken mit ihren eindeutigen Identifikationsnummern als Referenzpunkte, quasi als ge- meinsames Koordinatensystem. Dies ist für den Fall erforderlich, dass der Zug sich nicht korrekt positionieren kann. Dies ist insbesondere dann der Fall, wenn beispiels- weise das Datenkommunikationssystem nicht verfügbar ist oder aus anderen techni- schen Gründen keine korrekte Endlage der Weiche gebildet und an das Fahrzeug über- tragen werden kann. In diesem Fall sind die regelmäßig im Gleis verlegten Transponder

für eine korrekte Lokalisierung des Fahrzeugs essenziell. Befährt zum Beispiel das Fahrzeug eine Weiche mit unbekannter Endlage von der Spitze her, verliert es seine eindeutige Positionierung. Das Fahrzeug weiß nicht, auf welchem der beiden Richtungsgleise es sich befindet. Der Zug erhält jedoch wieder eine eindeutige Positionsinformation durch die Überfahrt von Transpondern hinter der Weiche. Er kann daher im Streckenatlas auf den korrekten Weichenstrang positioniert werden und kann seine aktuelle Position wieder in Bezug auf die letzte überfahrende Ortsmarke bestimmen und an die CBTC-Streckeneinrichtung melden.

5.2 Hauptfunktion Fahren des Fahrzeugs

Das Fahren des Fahrzeugs besteht aus den Oberfunktionen des Bestimmens des Fahrprofils sowie des Steuerns der Züge in Abhängigkeit des Fahrprofils. Diese Hauptfunktion setzt die zuvor beschriebene Hauptfunktion des Sicherns der Zugbewegung voraus.

5.2.1 Oberfunktion Bestimmen des Fahrprofils

Die Leittechnik (Automatic Train Supervision, ATS) kennt den aktuellen Betriebszustand nicht nur eines Fahrzeugs, sondern des Gesamtsystems. Die Leittechnik kann daher eine optimale Regelung des Betriebs auf einer Linie unterstützen. Auf der übergeordneten Betrachtungsebene einer ganzen Linie kann die Leittechnik durch Vorgabe zeitlich versetzter Abfahrtszeiten in den Stationen beispielsweise die Anzahl gleichzeitig anfahrender Züge in einem Speiseabschnitt der Traktionsstromversorgung limitieren, um die Lastspitze zu senken (Eichner und Uhrig 2021). Ein weiterer Anwendungsfall auf der übergeordneten Betrachtungsebene ist die Abstimmung der Ankunfts- und Abfahrzeiten von Fahrzeugen auf einer Linie zueinander, so dass die bei der Bremsung durch Rekuperation zurückgewonnene elektrische Energie eines Fahrzeugs von einem anderen aus der Station ausfahrenden Fahrzeug genutzt werden kann (Eichner und Uhrig 2021). Dem einzelnen Fahrzeug gibt die Leittechnik somit übergeordnete Strategieentscheidungen zur optimalen Fahrweise vor. Innerhalb dieses von übergeordneter Ebene gesetzten Rahmens können die einzelnen Fahrzeuge ihr eigenes Fahrprofil optimieren. Grundsätzlich bestehen die Strategieoptionen einer energieoptimalen oder einer zeitoptimalen Fahrweise, welche nachfolgend vorgestellt werden:

Zeitoptimale Fahrzeugtrajektorie
Ausgangspunkt für die Berechnung einer energieoptimalen Fahrzeugtrajektorie ist die zeitoptimale Trajektorie (Spitzfahrttrajektorie) des Triebfahrzeugs. Um die Bewegungsbahn des Triebfahrzeugs auf dem kompletten Fahrweg vorausschauend berechnen zu können, benötigt das ATO-Fahrzeuggerät die folgenden Angaben, die von der Leittechnik vorgegeben werden (Fahrtziel und Streckenführung bis zum Fahrtziel sowie die Richtfahrzeit bis zum Fahrtziel), die auf dem Triebfahrzeug hinterlegt sind (die im Streckenatlas enthaltene

Streckentopologie sowie die im Fahrzeuggerät projektierten Fahrzeugparameter wie Masse, Fahrzeuglänge, Fahrwiderstand und Zugkraftkennlinien) sowie vom Triebfahrzeug selbst ermittelt werden (Fahrprofildaten gekennzeichnet durch Grenzgeschwindigkeiten, Langsamfahrstellen und Bremsverzögerungen sowie der Fahrzeugposition in Bezug auf das Streckennetz und die aktuelle Fahrzeuggeschwindigkeit). Bei vorliegenden Verspätungen kann die Fahrzeit des Zuges durch eine gezielte Beeinflussung der Fahrzeiten zwischen den Stationen (maximale Beschleunigung, maximale Fahrgeschwindigkeit und maximale Betriebsbremsverzögerung) sowie eine Variation der Haltestellenaufenthaltszeiten bis hin zu der Vorgabe eines Haltentfalls in ausgewählten Stationen beeinflusst werden. Die Vorgaben der Leittechnik werden dem Fahrzeugführer angezeigt (bei fahrerunterstützenden Systemen) oder von der automatisierungstechnischen Komponente (Automatic Train Operation, ATO) selbstständig in Befehle für die Fahrzeugsteuerung umgesetzt.

Die Umsetzung der zeitoptimalen Fahrstrategie ist in Abb. 5.9 dargestellt. Hierbei zeigt die obere Hälfte des Schaubildes eine Fahrschaulinie (Darstellung der zulässigen Geschwindigkeit über den Streckenverlauf). Ein maschineller Regler kann der durchgezogenen Linie (Geschwindigkeitsvorgabe) optimal folgen. Ein menschlicher Fahrzeugführer wird in der Regel unterhalb der zulässigen Geschwindigkeit bleiben und das Fahrzeug

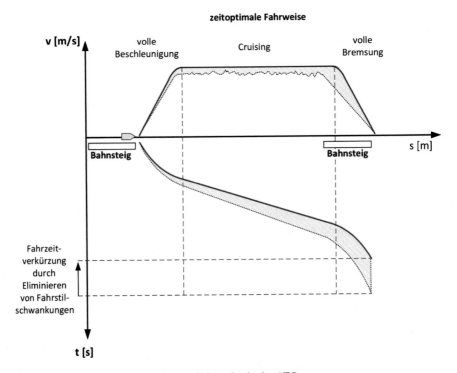

Abb. 5.9 Umsetzung einer zeitoptimalen Fahrweise in der ATO

mittels des Fahr- und Bremshebels im Führerstand mit einer charakteristischen „Sägezahnbewegung" knapp unterhalb der Sollvorgabe führen. Mit dieser Fahrschaulinie korrespondiert das untenstehende Zeit-Weg-Linien-Diagramm. Hierbei wird deutlich, dass mit einer maschinellen Regelung eine Fahrzeitverkürzung möglich ist, da Zeitverluste durch Fahrzeitschwankungen eliminiert werden.

Energieoptimale Fahrzeugtrajektorie
Gibt es die Betriebssituation her, kann auch eine energieoptimale Fahrweise umgesetzt werden. Aus seinem Streckenatlas kennt das CBTC-System die Topologie des vor dem Fahrzeug liegenden Streckenabschnitts (Weichenradien, Neigung/Gefälle und die Position der Bahnsteige). Mithilfe dieser Daten in Kombination mit der aktuellen Geschwindigkeit, der eigenen Position und den von der Leittechnik über die Kommunikationsverbindung empfangenen Online-Fahrplandaten wird für das Fahrzeug eine energieoptimale Fahrzeugtrajektorie unter Einhaltung der vorgegebenen Fahrzeit ermittelt (Rahn 2011). Grundsätzlich müssen für die energieoptimale Fahrzeugtrajektorie mehrere Aspekte betrachtet werden:

Reduktion der Beharrungsgeschwindigkeit: Beim Vorhandensein von Fahrzeitreserven erfolgt eine Reduzierung der Beharrungsgeschwindigkeit des Fahrzeugs. Da die konkreten Umschaltpunkte zwischen den zwei Phasen „Anfahren und Beharrungsfahrt" und „Beharrungsfahrt und Auslauf" nicht vorgegeben sind, müssen diese durch ein Optimierungsverfahren aus der Spitzfahrttrajektorie abgeleitet werden. Dies erfolgt für die Umschaltung von Anfahren auf Beharrungsfahrt durch eine *Variation der Beharrungsgeschwindigkeit.* Für die Umschaltung von Beharrungsfahrt auf Auslauf erfolgt dies durch eine *Variation des Antriebsabschaltpunktes* variiert (Brückner und Isailovski 2010).

• Mit Hilfe des Verfahrens „*Auslauf vor Bremsung*" erfolgt eine Energieeinsparung des Triebfahrzeugs durch Nutzung der vom Streckenprofil abhängigen Hangabtriebskraft. Das Verfahren wird in Streckenabschnitten angewendet, in denen entsprechend des vorgegebenen Fahrprofils gebremst werden muss und der Verlauf der Fahrwiderstandskräfte innerhalb dieser Streckenabschnitte zum Abbremsen des Fahrzeugs (Fahrzeug befährt einen Abschnitt mit Steigung) führt oder die Beharrungsgeschwindigkeit unterhalb der entsprechenden Grenzgeschwindigkeit liegt und der Verlauf der Fahrwiderstandskräfte innerhalb dieser Streckenabschnitte zu einer Beschleunigung des Fahrzeugs führt (Fahrzeug befährt einen Gefälleabschnitt). In diesen Streckenabschnitten ist der Antrieb faktisch abgeschaltet. Das Triebfahrzeug nimmt keine Energie aus dem Stromnetz auf. Für das weitere Fortbewegen des Triebfahrzeugs wird entweder seine *kinetische Energie* oder die über das bekannte Streckenprofil vorhandene *potentielle Energie* genutzt (Brückner und Isailovski 2010).

• *Neuberechnung bei veränderten Ausgangsbedingungen:* Eine Neuberechnung der Fahrzeugtrajektorie erfolgt, wenn sich das Fahrprofil im Vergleich zur Ausgangslage so ändert, dass es mit der aktuellen Solltrajektorie kollidiert oder so viel freizügiger ist, dass zusätzliche Energiesparpotenziale genutzt werden können. Auch wenn im Falle von Betriebsstörungen das Triebfahrzeug der vorgegebenen optimalen Solltrajektorie nicht folgen kann, erfolgt eine Neuberechnung (Brückner und Isailovski 2010).

Die Umsetzung der energieoptimalen Fahrstrategie ist in Abb. 5.10 auf der linken Seite dargestellt. Die Fahrschaulinie zeigt in diesem Fall, wie das Fahrzeug nach Erreichen der Maximalgeschwindigkeit (*Cruising*) die Traktionsleistung abschaltet und ausrollt (*Coasting*). Das Fahrzeug wird dann bei Erreichen der Haltestelle auf die exakte Halteposition zielgebremst. Im unteren Bereich des Schaubildes wird in der Zeit-Weg-Linien-Darstellung deutlich, dass Fahrplanreserven durch das Coasting in Energieeinsparungen gewandelt werden können. Algorithmen zur energiesparenden Fahrweise können bei Fahrplanreserven von 5 % den Traktionsenergieverbrauch um etwa 20 % reduzieren. Bei Vorgabe großer Fahrzeitreserven (20 %) sind Einsparungen von teilweise sogar 50 % möglich (Brückner und Isailovski 2020). Dank reduzierter Geschwindigkeit in den Coasting-Phasen (Rollen) ist auch ein reduzierter Verschleiß der Bremsen eine willkommene Nebenwirkung (Rahn 2011). Auf der rechten Seite von Abb. 5.10 ist eine alternative Fahrstrategie dargestellt. Hier kann nach Abschluss des Fahrgastwechsels die Haltestellenaufenthaltszeit verkürzt werden. Um die geplante Ankunftszeit in der nächsten Station nicht zu gefährden, muss der Zug nicht so stark beschleunigen und kann früher ausrollen.

5.2.2   Oberfunktion Steuern der Züge in Abhängigkeit des Fahrprofils

Ein Schienenverkehrssystem kann als geschlossener Regelkreis aufgefasst werden. Ein Regelkreis besteht hierbei aus der geschlossenen Wirkkette von Messglied, Regler, Stellglied und Regelstrecke (vgl. Abb. 5.11). Dem Regler wird von außen eine Führungsgröße vorgegeben. Gleichzeitig wirken auf die Regelstrecke externe Störungsgrößen. Regelkreise können auch kaskadiert werden. Abb. 5.11 zeigt mehrere Regelkreise, die auf eine gemeinsame Regelstrecke wirken.

Das Antriebs- und Bremsleistung eines Schienenfahrzeugs folgt dem Regelkreisprinzip. Über Sensoren des Schienenfahrzeugs werden Weg- und Geschwindigkeitsinformationen erfasst (Messglied). Das Steuergerät des Zuges verarbeitet die erfassten Messgrößen und erhält darüber hinaus übergeordnete Führungsgrößen vom Teilsystem Automatic Train Operation (ATO). Hieraus werden die Bremssysteme des Fahrzeugs und die Antriebe angesteuert (Stellglieder), um das Fahrzeug entsprechend der Vorgaben der Trajektorie der ATO über die Strecke zu bewegen (Regelstrecke).

Das Teilsystem Automatic Train Operation realisiert ebenfalls einen eigenen Regelkreis. Dieser ist dem Regelkreis der Triebfahrzeugregelung überlagert. Die von den Sensoren des Fahrzeugs erfassten Weg- und Geschwindigkeitsinformationen (Messglieder) werden im ATO-Fahrzeuggerät des Fahrzeugs mit übergeordnete Führungsgrößen aus der Dispositionsebene verknüpft (Regeleinrichtung). Die Fahrzeugtrajektorie entsteht aus einer Wahl des in der aktuellen betrieblichen Situation optimalen Antriebsabschaltpunktes

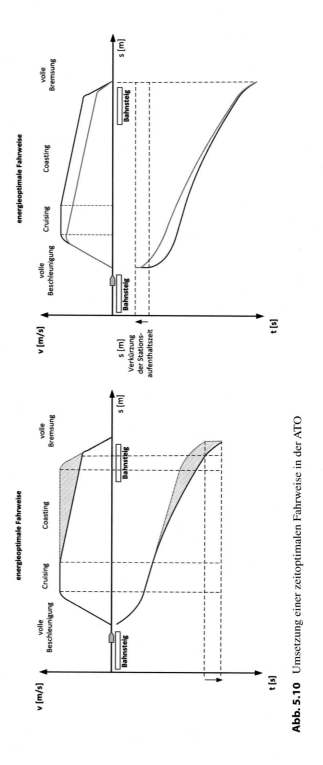

Abb. 5.10 Umsetzung einer zeitoptimalen Fahrweise in der ATO

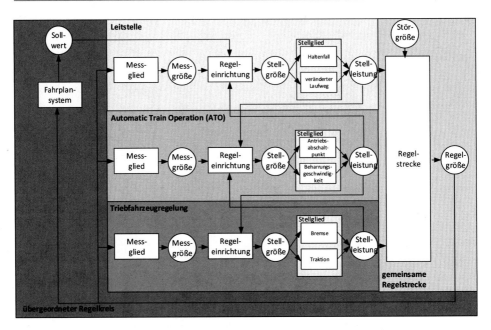

Abb. 5.11 Steuern von Zügen als kaskadierte und vermaschte Regelkreisstruktur

sowie der Beharrungsgeschwindigkeit des Fahrzeugs. Die ermittelte Trajektorie wird als Vorgabewert an das Steuergerät des Zuges übergeben. Über das Triebfahrzeug wirkt die ATO-Komponente mittelbar auf die Regelstrecke.

In der Leitstelle ist ein weiterer Regelkreis implementiert (Automatic Train Supervision, ATS). Dieser Regelkreis ist dem ATO-Teilsystem eines Fahrzeugs überlagert. Die CBTC-Streckeneinrichtung sendet die von den Fahrzeugen empfangenen Ortsinformationen an die in den leittechnischen Systemen der Leitstelle implementierte Zuglaufverfolgung (Messglied). In der Leittechnik wird die aktuelle Betriebslage mit dem Fahrplan verglichen (Regeleinrichtung). Erkannte Abweichungen resultieren in Dispositionsentscheidungen wie beispielsweise eine Verkürzung von Haltezeiten an den Stationen, ein Entfall von Stationshalten oder der Wahl alternativer Laufwege des Fahrzeugs (Stellglied). Informationen über den disponierten Fahrplan werden per Funk an das Fahrzeug übermittelt. Gleichzeitig werden Stellbefehle an die Aktoren im Gleis (Weichen und gegebenenfalls auch reduzierte ortsfeste Signale) ausgegeben, so dass auch dieser äußere Regelkreis auf die gleiche Regelstrecke einwirkt (Abb. 5.11).

Abb. 5.12 zeigt ein Beispiel einer Führerstandsanzeige eines CBTC-Systems des Systemherstellers Bombardier (Produkt Cityflo 650) für die Purple Line in der thailändischen Hauptstadt Bangkok. Anhand dieser Abbildung kann die Sicht eines Fahrers auf einen halb automatischen Betrieb dargestellt werden. Hierbei wird deutlich, wie sich die Überwachungsfunktionen des CBTC-Fahrzeugeinrichtung auf der Führerstandsanzeige darstellen.

Abb. 5.12 Beispiel einer Führerstandsanzeige eines CBTC-Systems für den halb automatischen Betrieb. (Quelle: Bombardier)

Zentrales Element der Führerstandsanzeige ist die einem Tachometer nachempfundene Darstellung der für die Fahrzeugbewegung relevanten Geschwindigkeitsinformationen. Hierbei werden in dem dargestellten Beispiel die folgenden Geschwindigkeitsinformationen dargestellt:

- *Ist-Geschwindigkeit des Zuges:* Der Zeigerausschlag stellt hierbei die aktuelle Geschwindigkeit des Zuges dar. Diese Geschwindigkeitsinformation ist als digitale Angabe ebenfalls im Mittelpunkt des Zeigers dargestellt.
- *Maximal zulässige Geschwindigkeit des Zuges:* Das weiße Segment der Umrandung der Geschwindigkeitsskala der Tachometerdarstellung zeigt die aktuell zulässige Geschwindigkeit des Zuges. Sie beträgt im dargestellten Beispiel 55 km/h.
- *Maximal zulässige Geschwindigkeitsüberschreitung des Zuges vor Wirksamwerden des automatischen Bremseingriffs:* Das gelbe Segment der Umrandung der Geschwindigkeitsskala der Tachometerdarstellung zeigt die maximal zulässige Geschwindigkeitsüberschreitung von 5 km/h an.
- *Zielgeschwindigkeit des Zuges:* Das graue Segment der Umrandung der Geschwindigkeitsskala der Tachometerdarstellung zeigt die aktuell gültige Zielgeschwindigkeit von 35 km/h.
- *Zielentfernung des Geschwindigkeitswechsels:* Auf der linken Seite neben der Tachometerdarstellung ist eine vertikale Skala, welche die Zielentfernung darstellt. Hier wird im Betrieb ein vertikaler Balken angezeigt, welcher sich mit Annäherung an den Ge-

schwindigkeitswechsel verkürzt. Die Färbung des Balkens zeigt an, ob eine Warnge-schwindigkeit erreicht wurde (gelb) oder ob die maximal zulässige Geschwindigkeits-überschreitung bereits überschritten wurde (rot).

Unterhalb der Tachometerdarstellung ist die aktuell aktive Betriebsart des Fahrzeugs dargestellt (vgl. die Darstellung der Betriebsarten in Abschn. 4.2). Im betreffenden Bei-spiel stehen die folgenden Betriebsarten zur Auswahl:

- *Automatic Mode (ATO):* Das Fahrzeug befindet sich aktuell in dieser Betriebsart. Ein halb automatischer Betrieb (semi-automated train oprations, STO) ist möglich.
- *Supervised Manual Mode (SM):* Das Fahrzeug kann manuell vom Fahrzeugführer ge-mäß den Vorgaben des Signalsystems geführt werden. Das Fahrzeug befindet sich dabei unter einer kontinuierlichen Überwachung eines durchgehenden Geschwindigkeits-profils.
- *Restricted Mode (RM):* Im Falle von Befehlsfahrten oder im Falle von Störungen bei-spielsweise des Kommunikationssystems eines vorausfahrenden Fahrzeugs kann auf Grund der fehlenden Information über einen wirksamen Gefährdungsausschluss auf der vor dem Fahrzeug liegenden Strecke eine Fahrt auf Sicht erforderlich werden. Hier-für wird eine reduzierte Geschwindigkeit durch das Fahrzeuggerät überwacht.
- *Automatic Reversal Mode (AR):* Diese Betriebsart erlaubt einen automatischen Fahr-trichtungswechsel (Kehren) am Bahnsteig (so genannte Kurzwende).
- *Automatic Reversal Mode 2 (AR2):* Diese Betriebsart erlaubt eine automatische Kehre über eine hinter dem Bahnsteig liegende Kehranlage (so genannte Langwende).

Da sich das Fahrzeug in dem dargestellten Beispiel im automatischen Betriebsmodus (ATO) befindet, werden dem Fahrer hier weitere hierfür relevante Informationen angezeigt:

- *Zug ist an korrekter Halteposition zum Stillstand gekommen:* Über der dargestellten Uhrzeit auf der rechten Hälfte des Displays ist ein Icon, welches den Zug symbolisch in seinem projektierten Haltebereich darstellt (stopping window). Ist das Icon – wie in Abb. 5.12 dargestellt – grün ausgeleuchtet, ist der Zug in dem projektierten Haltebe-reich zum Stehen gekommen. Ist dies nicht der Fall, ist das Icon grau. In diesem Fall müsste der Fahrer betriebliche Ersatzhandlungen vornehmen.
- *Türfreigabesignal:* Das gelbe Icon neben der Quittungstaste („ACK") auf der rechten Seite des Displays zeigt, auf welcher Seite des Fahrzeugs die Türen freigegeben sind. Im dargestellten Beispiel sind die Türen auf beiden Seiten des Fahrzeugs freigegeben.

Dies bedeutet, dass zur Beschleunigung des Fahrgastwechsels Fahrgäste auf einer Seite einsteigen und auf der anderen Seite des Fahrzeugs aussteigen können.

- *Status Türöffnung:* Die angedeuteten Fahrzeugtüren stellen dar, dass die Fahrzeugtüren aktuell geschlossen sind.

- *Systemstatus der Schnittstelle zur Fahrzeugleittechnik:* Über der dargestellten Uhrzeit auf der rechten Hälfte des Displays ist ein Icon „TCMS" dargestellt. TCMS steht für die Anbindung des ATO-Fahrzeuggeräts an die Fahrzeugleittechnik (TCMS, Train Control & Management System). Ist das TCMS Icon grün, gibt es eine Kommunikation zwischen dem ATO-Fahrzeuggerät und der Fahrzeugleittechnik. Nur in diesem Fall kann der Zug automatisch fahren. Ist das TCMS Icon grau, gibt es keine Kommunikation zwischen dem ATO-Fahrzeuggerät und die Option des halb automatischen Betriebs steht nicht zur Verfügung.

- *Aktueller ATO-Fahrbefehl an die Fahrzeugsteuerung:* Auf der rechten unteren Seite des Displays ist ein M in einem Kreis dargestellt. Dieses Icon verdeutlich den aktuell vom ATO-Fahrzeuggerät an die Fahrzeugleittechnik übergebenen Befehl. Hierbei kann es sich um die Anforderung einer Beschleunigung handeln (M, Motoring), das Ausrollen für das energieeffiziente Fahren (C, Coasting), die Bremsung (B, Braking) oder der Stillstand im Stationsbereich (S, Stationary).

Der Fahrer erhält auf der Führerstandsanzeige weitere Angaben zur Länge des Zugverbandes (aktuell ist dies ein gekuppelter Zugverband mit drei Einheiten), zum aktiven Fahrzeuggerät, zum Schließzustand der Türen, eine Anzeige der nächsten Station (im Beispiel Bang Rak Yai) sowie Ereignisse (im Beispiel eine unerwartete Türöffnung, eine Aktivierung der Rückrollüberwachung, eine Verletzung der zulässigen Höchstgeschwindigkeit sowie die Auslösung der Zwangsbremsung). Ebenfalls dargestellt ist ein Quittungstaster („ACK") zur Bestätigung beispielsweise des Übergangs in einen Bereich mit Fahrerverantwortung nach Verlassen des im halb automatischen Betrieb betriebenen Streckenbereichs beispielsweise bei Einfahrt in einen nicht automatisierten Betriebshof.

5.3 Hauptfunktion Überwachen der Profilfreiheit

In geringeren Automatisierungsgraden ist der Fahrer für die Hauptfunktion Überwachung der Profilraumfreiheit verantwortlich. In höheren Automatisierungsgraden müssen die folgenden Oberfunktionen von einem CBTC-System mittels Schnittstellen zu externen Systemen übernommen werden.

5.3.1 Oberfunktion Verhinderung der Kollision mit Objekten

In das Lichtraumprofil eines Zuges dürfen keine fremden Gegenstände hineinragen. Ist dies in Tunnelbereichen baulich weitreichend ausgeschlossen, sind außerhalb von Tunnel weitergehende Maßnahmen zum Gefährdungsausschluss erforderlich. So können in den Außenbereichen Einfriedungen (Zäune) vorgesehen werden. In Abhängigkeit des Risikos sind ggf. weitere risikomindernde Maßnahmen erforderlich. Ein Beispiel hierfür sind überwachte elektronische „Reißleinen", die das Eindringen großer Fremdkörper in das

Lichtraumprofil erkennen. Ein Beispiel hierfür ist die in Mittellage einer mehrspurigen Autobahn errichtete Metro in Washington D.C. (USA). Hier ist die Strecke durch Einfriedungen (Betonabsperrungen und Zaun) vom Straßenverkehr baulich getrennt. Zusätzlich wird die strukturelle Integrität des Zauns durch eine elektrische Reißleine überwacht. Der Riss des elektrischen Leiters wird offenbart und führt zu einer sicherheitsgerichteten Reaktion des Zugbeeinflussungssystems.

Über den Schutz der Profilraumfreiheit hinaus muss CBTC-System auch verhindern, dass ein Zug in einen Streckenbereich einfährt, den dieser nicht gesichert befahren kann. Mögliche Gründe hierfür sind:

- mechanische Bedingungen wie das Lichtraumprofil von Fahrzeug und Strecke,
- bauliche Bedingungen wie unzureichende Kurvenradien,
- elektrische Bedingungen wie beispielsweise ein ungeeignetes Traktionsstromsystem,
- andere vorübergehende Befahrbarkeitseinschränkungen wie zum Beispiel Baustellen oder
- andere dauerhafte Befahrbarkeitseinschränkungen.

Leittechnische Systeme sehen vor, dass vorübergehende Befahrbarkeitseinschränkungen in CBTC-Systemen vom Bediener in der Leitstelle eingerichtet und zurückgenommen werden können. Die CBTC-Streckeneinrichtung wird dann beispielsweise reduzierte Geschwindigkeiten oder Streckensperrungen in der Erstellung von Fahrbefehlen in der Annäherung und bei der Durchfahrt von Streckenbereichen mit Befahrbarkeitseinschränkungen berücksichtigen. Die Information über Befahrbarkeitseinschränkungen wird dem Fahrzeugführer auf seiner Führerstandsanzeige dargestellt. Die Fahrzeugeinrichtung überwacht die Einhaltung der reduzierten Geschwindigkeitsvorgabe oder der Streckensperrung. Sie löst bei erkannten Abweichungen eine Zwangsreaktion aus.

5.3.2 Oberfunktion Verhinderung der Kollision mit Personen im Gleis

Die Profilraumfreiheit basiert auf verschiedenen betrieblichen und technischen Maßnahmen (fahrzeugseitig werden diese durch eine Hinderniserkennung ergänzt. muss i unterschieden werden zwischen der Verhinderung der Kollision mit „unberechtigten Dritten", bzw. der Verhinderung der Kollision mit Instandhaltungspersonal.

Eine Kollision mit *unberechtigten Dritten* wird wie folgt beherrscht:

- *Verhindern des Eindringens von Personen über den Tunnelmund:* Ein Eindringen von Personen aus dem oberirdischen Streckenbereich kommend in den unterirdischen Streckenbereich wird über am Tunnelportal verbaute Sensoren erkannt. Auf dieser Grundlage erfolgt eine sicherheitsgerichtete Reaktion. Es wird beispielsweise ein Alarm auf der besetzten Leitstelle ausgelöst. Dort wird beispielsweise das Tunnellicht zur Warnung an die Fahrzeugführer angeschaltet und eine reduzierte Geschwindigkeit von der CBTC-Fahrzeugeinrichtung technisch erzwungen.

- *Verhindern des Eindringens von Personen über die Bahnsteigkante:* Bei Stationen ohne Bahnsteigtüren wird ein Eindringen von Personen über die Bahnsteigkante durch eine geeignete Sensorik erkannt (VDV 2000). Ebenso verhindern Bahnsteigtüren ein Eindringen von Personen über die Bahnsteigkante.
- *Verhindern des Eindringens von Personen über den Kopfbereich der Bahnsteige:* Ein Eindringen von Personen über den Kopfbereich der Bahnsteige wird durch bauliche Abtrennungen verhindert (Bahnsteigabschlusstüren). Türen zum Notgehweg entlang der Strecke lassen sich von der Station her nur von autorisierten Personen per Schlüssel öffnen. Um eine Evakuierung von der Strecke aus zu ermöglichen, lassen sie die Türen von der bahnsteigabgewandten Seite auch ohne Schlüssel öffnen und schlagen zum Bahnsteig hin auf (VDV 2000). Die Türen sind alarmüberwacht.
- *baulicher Gefährdungsausschluss entlang der Strecke:* Für einen hochautomatisierten Fahrbetrieb ist oftmals bereits durch bauliche Maßnahmen wie Einfriedungen oder gar ein Betrieb im Tunnel ein weitreichender Schutz gegen das Eindringen von Personen oder Gegenständen in den Lichtraum eines fahrerlos verkehrenden Bahnsystems erreicht.
- *Verhindern des Eindringens von Personen über Notausstiegsluken:* Für die Entfluchtung von Tunnelbereichen werden entlang der Strecke Notausstiegsluken vorgesehen. Diese werden alarmüberwacht. Wird ein unberechtigter Eindringling erkannt, wird – wie zuvor dargestellt – eine sicherheitsgerichtete Reaktion ergriffen.
- *Räumfahrten:* Nach Betriebsunterbrechungen wird zunächst eine Fahrt durch einen Betriebsbediensteten an der Spitze des Zuges mit reduzierter Geschwindigkeit durchgeführt. Der Betriebsbedienstete führt eine visuelle Räumungsprüfung durch. Der Betriebsbedienstete kann den Zug über eine Nothalttaste jederzeit zum Halten bringen. Der Betriebsbedienstete bestätigt dem Personal in der Leitstelle die erfolgreiche Durchführung der Räumungsprüfung, so dass anschließend der fahrerlose Regelbetrieb wieder aufgenommen werden kann.

Das Instandhaltungspersonal muss in der Lage sein, unter sicheren Bedingungen zu arbeiten. Daher muss gewährleistet werden, dass keine Züge in dem Bereich, in dem sie arbeiten, einfahren oder durchfahren können. Dies kann technisch durch unterschiedliche Maßnahmen unterstützt werden:

- *Anforderung einer Gleissperrung durch das Instandhaltungspersonal über einen Schlüsselschalter:* Schlüsselschalter sind manuell mit einem Schlüssel zu betätigende elektromechanische Schalter. Für die Fahrwegsicherung werden die Schalterkontakte eingelesen und je nach Schaltstellung ein Streckenbereich gesperrt. Im Regelbetrieb steckt der Schlüssel im Schlüsselschalter (Ortloff und Aust 2016). Bei Bedarf fordert das Instandhaltungspersonal bei der Leitstelle eine Streckensperrung an. Wenn die Leitstelle die betriebliche Zulässigkeit der Einrichtung einer Baustelle geprüft hat, erteilt die Leitstelle die Freigabe für die Entnahme des Schlüssels durch das Instandhaltungspersonal. Der Besitz des Schlüssels stellt sicher, dass das entsprechende Gleis für Züge gesperrt bleibt. Das Instandhaltungspersonal führt bei Räumung des Baustellenabschnitts eine Räumungsprüfung durch. Anschließend wird der Schlüssel wieder in die Schlüsselsperre gesteckt, so dass wieder in den Regelbetrieb übergegangen werden kann. Beim Einsatz von Schlüsselschaltern für die Sperrung von Baustellenbereichen müssen bereits zum Zeitpunkt der Planung und Projektierung der Fahrwegsicherung die genauen Abschnitte für die potenziellen Baustellenbereiche festgelegt werden. Darüber hinaus müssen Fahrten zu den Positionen der Schlüsselschalter vorgenommen werden, bevor die Arbeiten am Gleis beginnen können. Zum Aufheben der Sperren sind wiederum Fahrten notwendig, um die Schlüssel wieder in dieselben Schlüsselschalter zu stecken.

- *Einrichtung und Rücknahme von Befahrbarkeitssperren durch das Bedienpersonal in der Leitstelle.* Hierzu können in der Leitstelle einzelne Gleisabschnitte und Weichen gegen Befahrung gesperrt werden. In diesem Fall werden Regelfahrten an der Einfahrt in den gesperrten Gleisabschnitt gehindert. Die Arbeiten im Gleisabschnitt beginnen erst, wenn alle technischen Schutzmaßnahmen wirksam geworden sind und sich im Baustellenbereich keine Regelzüge mehr befinden. Baufahrzeuge können mit reduzierter Geschwindigkeit in den Streckenbereich einfahren und werden innerhalb des Baustellenbereichs auf eine reduzierte zulässige Maximalgeschwindigkeit überwacht (vgl. Abb. 5.13). Nach Abschluss der Bauarbeiten werden die zugehörigen Sperrungen der Fahrwegelemente von der Leitstelle wieder aufgehoben und der Streckenbereich wieder für den Fahrbetrieb freigegeben. Dieses Verfahren bindet die Fahrdienstleiter stark ein: sie müssen die notwendigen Sperren festlegen, ihre Einrichtung überwachen, während der laufenden Instandhaltungsarbeiten an Funktionsprüfungen mitwirken (bspw. Auslösen von Weichenumläufen), die Sperren im Anschluss wieder aufheben und dabei mit den Baustellenleitern kommunizieren.

- *Sicherung von Baustellen im Gleisbereich mit mobilen Endgeräten:* Baustellen können langfristig außerhalb der Leitstelle oder gegebenenfalls kurzfristig in der Leitstelle geplant werden. Hierfür werden Dauer und Startzeit sowie Schutzmaßnahmen (bspw. Lagevorgaben oder Befahrbarkeitssperren von Einzelelementen, z. B. zwecks Flankenschutz) festgelegt. Sobald der geplante Zeitpunkt für den Beginn eines Baustelleinsatzes erreicht ist, fordert der Baustellenleiter mittels eines mobilen Endgeräts die Verantwortung für die Baustelle an. Der Fahrdienstleiter stellt sicher, dass der Fahrbetrieb auf dem Streckenabschnitt eingestellt wird und bewilligt die Übernahme der Kontrolle des

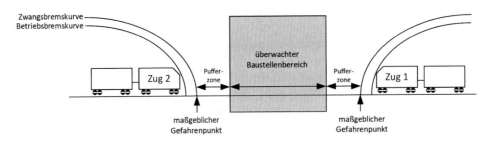

Abb. 5.13 Absicherung von Baustellenbereichen mit CBTC-Systemen

Streckenabschnitts durch den Baustellenleiter. Der Baustellenleiter und sein Team beginnen die Arbeiten erst, wenn alle technischen Schutzmaßnahmen wirksam geworden sind und sich im Baustellenbereich keine Züge mehr befinden. Während der Wartungsarbeiten erforderliche Bedienungen zur Funktionsprüfung von Fahrwegelementen können vom Baustellenleiter selbst mit dem mobilen Endgerät ausgelöst werden. Das Personal der Leitstelle muss dabei nicht mitwirken. Das Verfahren stellt sicher, dass der Baustellenleiter nur Weichen innerhalb des ihm zugeordneten Baustellenbereichs bedienen kann. Bei längeren Baustelleneinsätzen kann eine Baustelle von einem Baustellenteam auf ein nachfolgendes Team übertragen werden, etwa beim Schichtwechsel. Sobald die Arbeiten in der Baustelle abgeschlossen sind, bietet der Baustellenleiter mittels des mobilen Endgeräts die Rückgabe der Baustelle an den Fahrdienstleiter an. Der Fahrdienstleiter übernimmt wieder die Kontrolle über den Streckenabschnitt, hebt die zur Baustelle gehörigen Sperrungen wieder auf und gibt den Streckenabschnitt wieder für den Betrieb frei. Bei der Rückgabe von Baustellenbereichen kann der Baustellenleiter über das mobile Endgerät in Form kurzer Text-Nachrichten Hinweise an den Fahrdienstleiter geben, z. B. über vorübergehende Langsamfahrstellen. Wenn z. B. Arbeiten nicht vollständig abgeschlossen wurden und in der kommenden Nach fortgeführt werden sollen, darf der Bereich inzwischen möglicherweise für den Betrieb mit reduzierter Geschwindigkeit freigegeben werden (Ortloff und Aust 2016).

5.4 Hauptfunktion Überwachen des Fahrgastwechsels

Die folgenden Oberfunktionen sind für das fahrerlose Fahren zwingend erforderlich. Für niedrigere Automatisierungsgrade können diese Oberfunktionen nur teilweise technisch umgesetzt sein, da diese Oberfunktionen anteilig vom Betriebspersonal wahrgenommen werden.

5.4.1 Oberfunktion Steuern und Überwachen der Türfreigabe

Die Türsteuerung kann von verschiedenen technischen Kriterien abhängig gemacht werden. Diese technischen Abhängigkeiten stellen sicher, dass die folgenden Bedingungen erfüllt sind, bevor auf dem Fahrzeug die Türfreigabe erteilt wird:

- Der Zug ist in der geforderten Genauigkeit am benannten Haltepunkt in der Station zum Stillstand gekommen.
- Der Zug hat seinen Stillstand erkannt (Stillstandserkennung).
- Die Zugtraktion ist deaktiviert.
- Der Zug ist gegen unbeabsichtigte Bewegung gesichert. Die Stillstands- und Rückrollüberwachung sind aktiv.
- Der Zug hat einen Auftrag zum Öffnen der Tür empfangen, das heißt es gibt einen Bahnsteig seitlich des Zuges.

5.4.2 Oberfunktion Verhindern der Verletzung von Personen zwischen Fahrzeugen

Die Oberfunktion ‚Verhindern der Verletzung von Personen zwischen Fahrzeugen' soll Gefährdungen dadurch zwischen die Fahrzeuge fallende Reisende verhindern. Dies ist genau
dann relevant, wenn in vollständig fahrerlosen Systemen auf Bahnsteigtüren verzichtet werden
soll (offene Systeme, siehe hierzu Darstellung im nächsten Abschnitt). Kritisch sind hierbei
insbesondere die Kupplungsbereiche bei der Fahrt in Mehrfachtraktion. Die Überwachung des
Kupplungsbereiches ist vor allem dann wichtig, wenn beispielsweise im Bahnsteigbereich mit
unter Alkoholeinfluss stehende Personen oder Sehbehinderten gerechnet werden muss. Auch
bei großem Gedränge am Bahnsteig besteht die Gefahr, dass Personen zu Fall kommen können
und in den Kupplungsbereich gelangen. Technisch können hierbei fahrzeugseitige Kupplungs-
überwachungssysteme zum Einsatz kommen (beispielsweise nach dem Sender-Empfän-
ger-Prinzip arbeitende Infrarotleisten zwischen den gekuppelten Fahrzeugen). Diese Sensorik
wird beim Stillstand des Fahrzeugs im Bahnsteiggleis mit Erteilung der Türfreigabe aktiviert.
Bei Ausfahrt des Zuges aus dem Haltestellenbereich bleibt die Sensorik noch zehn Meter eingeschaltet (May et al. 2012). Eine Alternative zu technischen Sicherungen wäre eine Teilab-
sperrung des Bahnsteigs an der Halteposition der Kupplungsbereiche des Zuges.

5.4.3 Oberfunktion Sichern der Bahnsteigkante

Bei fahrerlosem Fahrbetrieb sind die Bahnsteigkanten zu sichern. Das heißt, dass keine
Person unzulässigerweise zwischen Fahrzeug und Bahnsteig gelangen kann. Außerdem
darf sich keine Person oder kein Gegenstand unterhalb der Bahnsteigkante befinden. Die
Möglichkeiten zur technischen Sicherung der Bahnsteigkanten werden je nach Ausfüh-
rungsvariante in geschlossene Systeme (mit Bahnsteigtüren) und offene Systeme (ohne
Bahnsteigtüren) unterschieden. Beide Varianten werden nachfolgend beschrieben.

Geschlossene Systeme (mit Bahnsteigtüren)
Die eine Möglichkeit zur Umsetzung der Sicherung der Bahnsteigkanten sind Bahnsteigtüren
(Platform Screen Doors). Ein Beispiel hierfür ist in Abb. 5.14 dargestellt. Bahnsteigtüren
können in unterschiedlichen Varianten vorkommen. Sie können als ungefähr hüfthohe Barrieren oder vollständig abschließende Türen konzipiert werden, welche sich von der Bahnsteigkante über die gesamte lichte Höhe der Station erstrecken. Neben einem Zugang zu den Türen
im Fahrgastbereich kann auch eine Tür auf Höhe des Führerstandes vorgesehen werden, welche in der Station einen Fahrerwechsel ermöglicht. Unabhängigvom Typ der Bahnsteigtür ist
ihre Steuerung an die CBTC-Streckeneinrichtung angebunden. Die Steuerung der Bahnsteigtür erfährt hierüber, ob sich ein Zug im Bahnhof befindet, ob dieser zum Stillstand gekommen
ist und ob die Zugtüren offen oder geschlossen sind. Für den Einsatz von Bahnsteigtüren
existieren detaillierte Sicherheitsanforderungen, die nachfolgend vorgestellt werden:

Abb. 5.14 Beispiel von Bahnsteigtüren im Stationsbereich. (Quelle: PINTSCH GmbH)

- *Vermeiden des mechanischen Versagens der Bahnsteigtür:* Bahnsteigtüren müssen gegen die zu erwartenden betrieblichen Beanspruchungen dimensioniert werden. Ist der Bahnsteig komplett von Bahnsteigtüren abgeschlossen, sind insbesondere Beanspruchungen aus der Aerodynamik einfahrender Züge zu berücksichtigen. Hierbei kommt es zu einem Wechsel zwischen der Druckwelle vor einem einfahrenden Zug und einem Sog hinter einem ausfahrenden Zug. Vor dem Hintergrund einer hohen Zugfrequenz in städtischen Nahverkehrssystemen ist hierbei auch die Dauerfestigkeit bei vielen Lastzyklen eine bemessungsrelevante Größe (EN 17168:2021).
- *Vermeidung der Türöffnung zur Unzeit:* Die Bahnsteigtüren werden erst freigegeben, wenn ein Zug in die Station eingefahren und in dieser zum Stillstand gekommen ist. Öffnen sich die Bahnsteigtüren ungewollt auf einem überfüllten Bahnsteig während der Zug gerade einrollt, entstehen erhebliche Sicherheitsrisiken. Das Öffnen der Bahnsteigtüren suggeriert den Fahrgästen, dass der Einstiegsvorgang beginnen kann, so dass die Menschenmassen Richtung offener Bahnsteigtüren strömen. Fährt genau in diesem Moment ein Zug ein oder beginnt mit der Ausfahrt, sind die Folgen katastrophal (Krins et al. 2016).
- *Vermeidung einer Fehlpositionierung von Fahrzeugen:* Um eine minimale Öffnungsweite zwischen Fahrzeug und Bahnsteigtür sicherzustellen, ist eine hohe Haltegenauigkeit der Fahrzeuge am Bahnsteig erforderlich. Dies erfordert eine genaue Wegmessung. Die Haltegenauigkeit wird in einem geometrischen Intervall (+/− x mm) für eine Anzahl von Halten (x% der Stationshalte) angegeben. Die Haltegenauigkeit muss unter ver-

schiedenen Einflussfaktoren erreichbar sein (bspw. Neigungen und Gefälle im Stationsbereich, zulässige Geschwindigkeit in der Anfahrt, bzw. in der Station sowie verschiedene Besetzungsgrade der Fahrzeuge und daraus resultierenden Fahrzeuggewichten).
Nottüren stellen sicher, dass Fahrgäste auch aus fehlpositionierten Fahrzeugen aussteig-
gen können. Nottüren müssen gegen unbefugte Betätigung von der Bahnsteigseite abgesichert werden und in eine Überwachung einbezogen werden (EN 17168:2021).

- *Reziprozität der Türsteuerung:* Fahrzeugtüren gehen nur dann auf, wenn auch stati-
  onsseitig eine funktionierende Bahnsteigtür vorhanden ist (vgl. Abb. 5.16). Ebenso
  sollten sich Zug- und Bahnsteigtüren zur gleichen Zeit – und nicht zeitversetzt – öffnen
  und schließen. Hält beispielsweise, wie in Abb. 5.16 dargestellt, ein Kurzzug in einer
  Station, bleiben die Bahnsteigtüren hinter dem Zug geschlossen (Bahnsteigtüren P9 bis
  P12 in Abb. 5.15). Ebenfalls bleiben Zug- oder Bahnsteigtüren geschlossen, wenn die
  korrespondierende Bahnsteig- oder Zugtür defekt ist (Haspel und vom Hövel 2001).
  Dies ist in Abb. 5.16 bei Fahrzeugtür R2 und Bahnsteigtür P2 der Fall. Wenn eine Tür
  auf dem Fahrzeug oder der Station gegen Bedienung gesperrt ist, sollte dies dem Fahrgast visuell angezeigt werden (EN 17168:2021).
- *Vermeiden des Einschlusses von Personen im Raum zwischen Bahnsteig- und Fahrzeugtür:*
  Gegebenenfalls kann durch bauliche Maßnahmen sichergestellt werden, dass keine Person
  zwischen Bahnsteig- und Fahrzeugtür eingeschlossen werden kann (schraffierter Bereich A
  in Abb. 5.16). Dies ist jedoch nicht immer möglich. Zum einen ist der dynamische Fahr-
  zeuglichtraum größer als die relevanten Abmessungen des Wagenkastens. Zum anderen
  weitet sich gerade bei Haltestellen in Kurvenlage durch die geometrischen Zusammenhänge zwischen Bahnsteigkante und Wagenkasten der Raum zwischen Bahnsteig- und
  Fahrzeugtür. Ein zusätzlicher Effekt bei Haltestellen in Kurvenlage ist die zusätzliche Nei-
  gung des Fahrzeugs durch eine mögliche Überhöhung der Bogenäußeren Schiene.
- *Vermeiden, dass eine Person in den Spalt zwischen Bahnsteig und Wagenkasten fällt,* so
  dass sich nur der Oberkörper im schraffierten Bereich A in Abb. 5.17 befindet. Hierfür
  können aktive oder passive Einrichtungen (bspw. Lückenfüllelemente aus Polyurethan)
  vorgesehen werden. die aktiven Einrichtungen können auf den Fahrzeugen (ausfahr-
  bare Schiebetritte) oder infrastrukturseitig (mechanical gap filler) vorgesehen werden.
  Darüber hinaus können Fahrgäste durch akustische Hinweise („Mind the gap") auf die
  Gefahr hingewiesen werden (EN 17168:2021).
- *Schutz von Personen gegen Einklemmen im Bereich der Bahnsteigtür:* Um Personen
  und Gegenstände gegen Einklemmen im Bereich der Bahnsteigtür zu schützen, müssen
  verschiedene Maßnahmen angewendet werden. Personen sind vor dem Türschließvorgang optisch und akustisch zu warnen. Darüber hinaus ist eine unzulässige Kraftein-
  wirkung auf eine eingeklemmte Person oder einen eingeklemmten Gegenstand an den
  Schließkanten beispielsweise durch eine Kraftbegrenzung des Türantriebs oder eine
  Schließkantenüberwachung zu vermeiden. Auch ist das Verletzungsrisiko für Personen
  durch schließende Bahnsteigtüren mittels entsprechender Gestaltung der Hauptschließ-
  kanten der Bahnsteigtür beispielsweise durch weiche Schließkanten zu minimieren.
- *Unterstützung der Evakuierung von Fahrgästen im Notfall:* Es muss möglich sein, die
  Bahnsteigtür von der Gleisseite her zu öffnen, so dass in einem Notfall oder bei einem
  unerwarteten Fehler der Bahnsteigtür die Fahrgäste die Bahnsteigtüren mit geringem

Abb. 5.15 Reziprozität der
Türsteuerung (neue Abbildung)

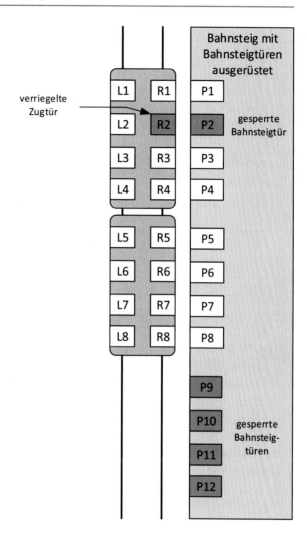

Kraftaufwand öffnen können (Selbstrettung). Umgekehrt muss auch die Zutrittsmöglichkeit zum Gleisbereich für die Fremdrettung sichergestellt werden. Daher muss die Türöffnung der Bahnsteigtür für authorisiertes Personal von außen Her per Hand möglich sein. Um Missbrauch durch unbefugte Personen vorzubeugen, sollte dies nur mit einem speziellen Schlüssel oder Gerät möglich sein (EN 17168:2021)

Der Einsatz von Bahnsteigtüren hat die folgenden *Vorteile*:

- *Komforterhöhung für Fahrgäste:* Bahnsteigtüren können den Komfort für Fahrgäste in unterirdischen Stationsbauwerken erhöhen. So ist es beispielsweise in warmen Ländern einfacher, die Bahnsteigbereiche zu klimatisieren. Dies kann zu Kosteneinsparungen und reduziertem Energieverbrauch führen, indem der Verbrauch von Heizung und Klimaanlage im Bahnhof gesenkt wird. Außerdem vermeiden Bahnsteigtüren Belästigungen der Fahrgäste durch den Luftzug oder die Geräusche einfahrender Züge. Im Freien bieten Bahnsteigtüren Schutz vor Witterungseinflüssen.

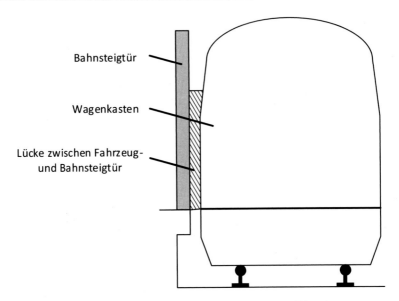

Bahnsteigtür

Wagenkasten

Lücke zwischen Fahrzeug-
und Bahnsteigtür

Abb. 5.16 Spalt zwischen Wagenkasten und Bahnsteigtür (neue Abbildung)

- *Kapazitätsgewinn:* Haltestellenaufenthaltszeiten limitieren in städtischen Nahverkehrssystemen die Kapazität. Ein positiver Effekt auf die Fahrgastwechselzeiten besteht beim Einsatz von Bahnsteigtüren darin, dass sich die wartenden Fahrgäste bereits vor Einfahrt des Zuges entsprechend aufstellen können. Der Fahrgastwechsel kann sich dementsprechend disziplinierter vollziehen. Ein weiterer Kapazitätseffekt ergibt sich aus einer höheren Einfahrgeschwindigkeit der Züge in die Station. Um Gefährdungen durch vorbeifahrende Züge zu reduzieren wird die zulässige Geschwindigkeit von Zügen bei Vorbeifahrt an Bahnsteigen ohne Bahnsteigtür reduziert. Diese Geschwindigkeitseinschränkung kann entfallen, wenn Bahnsteigtüren Gefährdungen durch in den Gleisbereich gelangte Fahrgäste ausschließen.
- *Sicherheitsgewinn:* Bahnsteigtüren reduzieren das Unfallrisiko, insbesondere wenn Züge mit hoher Geschwindigkeit durch den Bahnhof fahren. Außerdem schränken Sie den Zugang Unbefugter zu Gleisen und Tunneln ein.

Der Einsatz von Bahnsteigtüren unterliegt den folgenden Einschränkungen, bzw. weist die folgenden *Nachteile* auf:

- Hohe Anforderungen an die *Haltegenauigkeit der Züge*: Vorgaben zur Haltegenauigkeit sind abhängig von der physikalischen Interaktion zwischen Stahlrad und Schiene. Sollte in der Migrationsphase ein Mischbetrieb mit nicht automatisierten Fahrzeugen vorgesehen sein, können von diesen die geforderten hohen Haltegenauigkeiten möglicherweise nicht eingehalten werden.
- *Einschränkungen im Fahrzeugeinsatz:* In Bestandssystemen werden in der Regel verschiedene Zugtypen eingesetzt, die unterschiedliche Türanordnungen und Zuglängen aufweisen. Beim Einsatz von Bahnsteigtüren sind die Anordnungen und Abmessungen

der Türen verbindlich festgelegt. Folglich können Züge im Betrieb nicht mehr variabel eingesetzt werden, sondern pro Linie nur noch mit demselben Zugtyp verkehren. Dies bringt für den Betreiber erhebliche Einschränkungen im Fahrzeugumlauf mit sich. Darüber hinaus müssen die gewählten Abmessungen vom Betreiber bei zukünftigen Fahrzeugbeschaffungen als Randbedingung beachtet werden. Dieser Einschränkung kann durch Bahnsteigtürsysteme anteilig begegnet werden, bei denen die Türen am Bahnsteig je nach Zugtyp horizontal verfahren werden können.

- *Einbau bei Haltestellen in Kurvenlage schwierig:* Vor Jahrzehnten wurden gegebenfalls Bahnsteige in Kurvenlage errichtet. Dies führt dazu, dass zwischen Fahrzeugen und Bahnsteigkante konstruktionsbedingt ein großer Spalt entsteht. Für die Barrierefreiheit kann dieser Spalt mit Gap Fillern (beispielsweise Gummilippen aus Polyurethan) gefüllt werden. Allerdings besteht das Risiko, dass Fahrgäste zwischen Fahrzeug- und Bahnsteigtür eingeschlossen werden können.
- *Einbau schränkt verfügbare Breite bestehender Bahnsteige ein:* Nach geltender Vorschriftenlage muss die Breite der Bahnsteige nach dem Verkehrsaufkommen unter Berücksichtigung der Stärke und Verflechtung der Fahrgastströme bemessen sein. Längs der Bahnsteigkante muss in Deutschland eine nutzbare Breite von mindestens 2,0 m vorgesehen werden. Da bei Bahnsteigtüren pro Seite von einem halben Meter Platzbedarf ausgegangen wird, würden vorhandene Bahnsteige bei einem nachträglichen Einbau schmaler werden. Das würde dazu führen, dass an einigen Haltestellen nicht mehr genug Platz vorhanden wäre, um die Fahrgäste im Notfall sicher evakuieren zu können.
- *Eingeschränkte Traglast alter Bausubstanz:* Mit 400 kg pro Meter tragen Bahnsteigtüren ein beachtliches Gewicht. Die Bausubstanz bestehender Bahnsteige ist ggf. zu schwach für diese Last. Hinzu kommen Hohlräume, die sich in einigen Stationen unter den Bahnsteigen befinden, um ins Gleis gefallenen Personen Schutz zu bieten. Dadurch wird die Traglast der Bahnsteige zusätzlich verringert.
- *Anpassungen der Tunnelbelüftung:* Nach Einbau von Bahnsteigtüren reicht in Tunneln möglicherweise der Luftaustausch über die Haltestellen, Tunnelmündungen und Notausgänge nicht aus. Daher sind hier zusätzliche Maßnahmen der Tunnelventilation zu treffen.
- *Zuverlässigkeitsprobleme in Außenbereichen:* Automatische Bahnsteigtüren, die der Witterung unmittelbar ausgesetzt, sind können Zuverlässigkeitsprobleme aufweisen. Fallen die Bahnsteigtüranlagen im Betrieb aus, hat dies gravierenden Auswirkungen auf den Zugbetrieb.

Offene Systeme (ohne Bahnsteigtüren)

Eine Alternative zu geschlossenen Systemen mit Bahnsteigtüre ist die Sicherung von Bahnsteigkanten mit technischen Überwachungseinrichtungen für den Gleisbereich, die verhindern, dass Personen von Fahrzeugen gefährdet werden. Dies ist beispielsweise bei oberirdischen nicht als geschlossene Bahnhofsgebäude ausgeführten Stationen denkbar. Für die Erkennung möglicher Gefährdungen können verschiedene technische Systeme zum Einsatz kommen. Löst eines dieser Systeme aus, während sich der Zug bereits sehr nahe am Bahnsteig befindet, erfolgt eine Zwangsbremsung. Löst eines dieser Systeme aus und ist der Zug noch im Tunnel unterwegs und weiter entfernt, so fährt der Zug gegebenenfalls bis kurz vor den Bahnsteig und kommt dort zum Stillstand. Parallel dazu erfolgt eine Meldung an die besetzte Leitstelle (Dombrowsky et al. 2008). Beispielhafte Lösungen für offene Systeme umfassen die folgenden Sensorprinzipien:

- *Infrarot-Lichtschranken:* Infrarot-Lichtschranken stoßen bei Erkennen von Personen oder größeren Gegenständen im Gleis je nach Entfernung des Zuges zum Gefahrenbereich unterschiedliche sicherheitsgerichtete Reaktionen an.
- *Kontaktmatten:* In frühen Projekten kamen auch Kontaktmatten zum Einsatz, welche die Anwesenheit von Personen oder Gegenstände ab einem bestimmten Gewicht detektieren konnten.

Grundsätzlich gilt, dass die offenen Systeme die Nachteile von geschlossenen Systemen mit Bahnsteigtüren vermeiden, bzw. die Vorteile von geschlossenen Systemen mit Bahnsteigtüren nicht erreichen. Insofern wird hier auf eine Wiederholung der im Abschnitt zu den geschlossenen Systemen mit Bahnsteigtüren genannten Punkte verzichtet.

Weil sich offene Systeme ohne Bahnsteigtüren in wesentlichem Umfang auf sensible Sensorsysteme stützen, werden hier zwei elementare Herausforderungen der Sensorik ergänzt:

- *Falsch positive Objekterkennung wirkt betriebshemmend:* Bei Sensorsystemen ist es wichtig, dass der sensorisch erfasste Sachverhalt auch der Realität entspricht. Bei einer falsch positiven Objekterkennung wird beispielsweise vom Sensor ein Objekt erkannt, obwohl tatsächlich kein Objekt im Gefahrenbereich ist. In diesem Fall wird eine sicherheitsgerichtete Reaktion ohne konkreten Anlass ergriffen. Die Züge erhalten eine Zwangsbremsung und es müssen aufwändige betriebliche Verfahren durchgeführt werden, um wieder in den Regelbetrieb überzugehen.
- *Risiken durch falsch negative Objekterkennung:* Bei einer falsch negativen Objekterkennung wird beispielsweise vom Sensor kein Objekt erkannt, obwohl sich tatsächlich ein Objekt im Gefahrenbereich befindet. In diesem Fall bleibt eine eigentlich erforderliche sicherheitsgerichtete Reaktion aus. Die Züge erhalten keine Zwangsbremsung und es kann zu einer Kollision des Zuges mit unberechtigten Personen im Gleis kommen.

5.4.4 Oberfunktion Sicherstellen der Abfertigungsbedingungen

Durch diese Basisfunktion wird sichergestellt, dass Züge nur abfahren dürfen, wenn der Fahrgastwechsel ordnungsgemäß abgeschlossen ist (Ritter 2014). Der Zug darf nur dann abfahren, wenn die folgenden Bedingungen erfüllt sind:

- Alle Türen des Zuges sind ordnungsgemäß geschlossen. Hierbei kann der Schließvorgang auf zwei Arten eingeleitet werden. Beim *lokalen Schließen* wird an jeder Tür festgestellt, ob der Türbereich frei ist. Hierfür kommen unterschiedliche Sensorprinzi-

| Berührungslose Türüberwachung durch Lichtgitter in Schienenfahrzeugen | Überwachung kleinster Objekte (beispielsweise Hundeleinen) |

Abb. 5.17 Lichtgitter im Türbereich gewährleisten einen unfallfreien Ein- und Ausstieg der Fahrgäste. (Quelle: Sitron Sensor GmbH).

pien wie Lichtschranken, Lichtgitter (vgl. Abb. 5.17) oder sonstige Detektionssysteme wie Trittstufenkontakte zum Einsatz. Anschließend wird die betreffende Tür nach einer optischen und akustischen Schließwarnung automatisch geschlossen. Beim *zentralen Schließen* wird der Beginn des Schließvorgangs optisch und akustisch angekündigt und alle Türen des Zuges erhalten einen zentralen Schließbefehl von einem Fahrbediensteten (VDV 2017).

- Der Zug hat eine *gültige Fahrerlaubnis* zum Verlassen des Stationsgleises empfangen.
- Es wurde ein Abfahrauftrag für den Zug erteilt.
- Der Zug kann den nächsten Haltepunkt erreichen. Dies bedeutet auch, dass der Nothalttaster am Bahnsteig nicht ausgelöst wurde (Dies hätte zur Folge, dass der Zug nicht aus der Station ausfahren kann oder nach erfolgter Ausfahrt unmittelbar hinter der Station zum Stillstand kommt).

Für den Ausschluss von Gefährdungen beim Schließen der Türen können die Fahrzeuge mit einem Einklemmschutz und einer Einklemmerkennung ausgerüstet sein.

- *Einklemmschutz:* Beim automatischen Schließen einer Tür kann zum Beispiel eine Elektronik den Stromverbrauch der Türmotoren messen. Steigt dieser an, weil beispielsweise ein Gegenstand oder Mensch den Schließvorgang der Tür blockiert, gibt die Elektronik die Tür wieder frei. Ebenso können die Türkanten überwacht werden. Bleibt die Tür auch bei wiederholtem Schließversuch blockiert, wird die besetzte Leitstelle informiert, damit das Personal der Leitstelle sich ein Bild von der Lage im Fahrzeug verschaffen kann. Hierfür können Kameras im Fahrzeug oder Notsprechstellen in den Fahrzeugen vorgesehen werden.
- *Mitschleiferkennung nach Beendigung des Schließvorgangs (Einklemmerkennung):* Zusätzlich können die Türkanten mit einem technischen System ausgestattet werden, welches selbst dünne Gegenstände (zum Beispiel eine Hundeleine) erkennt. Technisch kann dies durch Sensoren im Gummiprofil der Türen erkannt werden (Dombrowsky et al. 2008). Die Einklemmerkennung wird erst bei geschlossener Tür akti-

viert und ist auch noch beim Anfahren eingeschaltet, um ein Mitschleifen von Personen oder Tieren zu verhindern (May et al. 2012). Das Ansprechen dieser Einrichtung bewirkt, dass entweder die Abfahrt des Fahrzeugs verhindert oder seine Anfahrt innerhalb einer entsprechend den betrieblichen Bedingungen plausiblen Zeit oder Strecke oder Geschwindigkeit abgebrochen wird und das Fahrzeug zum Stillstand kommt (VDV 2017). Bei fahrerlosen Systemen wird ein Alarm auf der Leitstelle ausgelöst.

5.5   Hauptfunktion Automatischer Zugbetrieb

Für einen automatischen fahrerlosen Zugbetrieb sind weitere Oberfunktionen erforderlich, welche nachfolgend vorgestellt werden.

5.5.1   Oberfunktion Einsetzen und Aussetzen von Fahrzeugen

Im automatischen fahrerlosen Zugbetrieb können voll automatisierte Abstellanlagen oder Depots vorgesehen werden. Hierbei können verschiedene betriebliche Handlungen automatisiert vorgenommen werden. Auf diese Weise können die Betreiber durch spontanes Ein- und Aussetzen von Zügen kurzfristig auf Spitzen im Fahrgastaufkommen reagieren. Hierzu müssen unter anderem die folgenden Funktionen durchgeführt werden:

- *Verhinderung einer Abfahrt mit Fahrgästen in die Abstellanlage:* Insbesondere beim unbegleiteten fahrerlosen Betrieb ist kein Betriebsbediensteter begleitend im Zug oder in der Haltestelle anwesend, um den Zug zum Aussetzen vorzubereiten. Es sind daher Maßnahmen zu ergreifen, um das Risiko zu verhindern, dass ein Fahrgast in einem ausgesetzten Zug eingeschlossen wird. Um dies zu verhindern, können an der Endhaltestelle fahrzeugseitige Ansagen für das Aussetzen vorgesehen werden. Außerdem kann das Personal der Betriebsleitstelle für das Fahrzeug unter Verwendung des im Fahrzeug vorhandenen CCTV-Systems (Closed Circuit Television) eine Räumungsprüfung durchführen und am Bedienplatz (Fahrzeuglupe) quittieren. Sollte dennoch ein Fahrgast an Bord des Zuges sein, kann dieser über eine Notsprechstelle an Bord des Fahrzeugs die Betriebsleitstelle kontaktieren (DIN EN 62267).
- *Aussetzen und Abstellen des Zuges:* Die Fahrzeuge erhalten einen Fahrbefehl in ein Abstellgleis. Hierbei wird das Heck eines zuvor abgestellten Fahrzeugs oder ein Gleisabschluss mit Prellbock bei der Ermittlung des Fahrbefehls berücksichtigt. Das abzustellende Fahrzeug fährt bis auf die Schutzstrecke an den Gefahrpunkt heran.
- *Abrüsten des Zuges:* Ist das Fahrzeug an der Zielposition angekommen sind, wird die Feststellbremse angelegt, um das stehende Fahrzeug gegen Abrollen zu sichern (TR Bremse 2008). Danach wird das Fahrzeug vom abgerüstet und in den Betriebszustand für das Abstellen versetzt.

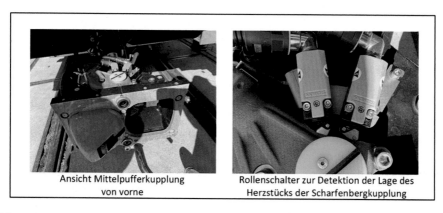

Abb. 5.18 Rollenschalter zur Identifikation von Kuppelvorgängen (Beispiel: Fahrzeug vom Typ X für die fahrerlose Linie U5 der Wiener Linien)

- *Aufrüsten des Zuges:* Bei Einsatzbeginn können die Fahrzeuge über ein Kommando der Leittechnik (Automatic train supervision, ATS) wieder aufgerüstet werden. Hierbei verlässt das CBTC-Fahrzeuggerät den Betriebszustand für das Abstellen. Zur Herstellung der Betriebsbereitschaft wird die Feststellbremse gelöst (TR Bremse 2008) und das Fahrzeug ermittelt die Länge eines ggf. mehrfach gekuppelten Zugverbandes. Hierbei muss auch ein möglicherweise ungewolltes Kuppeln mit anderen abgestellten Fahrzeugen erkannt werden. Hierfür können zusätzliche Rollenschalter an der Mittelpufferkupplung vorgesehen werden. Zentrales Konstruktionselement der Scharfenbergkupplung ist eine drehbare Hakenscheibe (Herzstück). Diese nimmt im entkuppelten und im gekuppelten Zustand eine bestimmte Position ein, die über die Rollenschalter ausgelesen werden kann (vgl. Abb. 5.18). Darüber hinaus wird der Zugstatus überwacht und so vermieden, dass ein fehlerhafter Zug eingesetzt wird (DIN EN 62267).
- *Einsetzen des Zuges:* Die Fahrzeuge erhalten einen Fahrbefehl und setzen im gewünschten Fahrplantakt des Regelbetriebs ein.

5.5.2 Oberfunktion Betreiben eines Fahrzeugs zwischen betrieblichen Halten

Das Betreiben eines Zuges zwischen zwei betrieblichen Halten umfasst beispielsweise die Möglichkeit zu *Fahrtrichtungswechseln*. Fahrtrichtungswechsel passieren planmäßig an den Endhaltestellen. Hierbei können Kurzkehren (der Zug kehrt am Bahnsteig) und Langkehren (der Zug fährt in das hinter dem Bahnsteig liegende Kehrgleis) unterschieden werden. Langkehren können (bei halbautomatischen Systemen, vgl. Abschn. 4.2.3) bei Bedarf auch fahrerlos durchgeführt werden.

Gegebenenfalls ist im Verlauf eines Betriebstages auch ein Umstellen von einem Kurz-
zugbetrieb (zum Beispiel zwei Wagen) auf einen Langzugbetrieb (zum Beispiel vier Wagen) und umgekehrt automatisch durch den Fahrplan oder manuell durch eine Bedienung
in der Leitstelle möglich. Dies wird auch als Stärken (Kuppeln) und Schwächen (Trennen)
von Zügen bezeichnet. So kann dynamisch auf Spitzen im Fahrgastaufkommen reagiert
werden. Hierfür muss in halbautomatischen Systemen das Kuppeln unterstützt, bzw. bei
Systemen ohne Fahrer das Kuppeln vollständig vom CBTC-System übernommen werden.
Vor dem Hintergrund der erforderlichen Sicherheitsintegrität ist zu entscheiden, ob ein
automatisches Kuppeln am Bahnsteig, auf der Strecke oder in der Abstellanlage gefordert
ist. Ebenso ist zu entscheiden, ob ein Kuppeln mit oder ohne Fahrgäste erfolgen soll. Ein
Kuppeln mit Fahrgästen bringt ebenfalls höhere Sicherheitsanforderungen mit sich. Die
betrieblichen Vorgänge des Kuppelns, bzw. Entkuppelns werden nachfolgend für ein hal-
bautomatisches System beschrieben:

- *Kuppeln unter CBTC-Verantwortung:* Wenn Kuppeln durch den Fahrplan gefordert ist,
  fährt das folgende Fahrzeug in der Betriebsart Vollüberwachung (Supervised Manual
  Mode) oder im halbautomatischen Betrieb (Automatic Mode) an das bereits wartende
  zu kuppelnde Fahrzeug heran, soweit es sein Fahrtbefehl zulässt. Das bereits wartende
  Fahrzeug ist in der Betriebsart Supervised Manual Mode oder im Automatic Mode im
  Stillstand. Nachdem der Fahrdienstleiter durch ein entsprechendes Kommando den
  Kupplungsvorgang erlaubt hat, wechselt der Fahrer des folgenden Fahrzeugs in die ihm
  daraufhin an der Führerstandsanzeige angebotene Kuppelfahrt. Das Fahrzeug kann
  dann mit überwachter Kuppelgeschwindigkeit (bspw. 15 km/h) an das bereits wartende
  zu kuppelnde Fahrzeug heranfahren. Wenn die Fahrzeuge mechanisch und elektrisch
  gekuppelt haben, erkennen die CBTC-Fahrzeuggeräte den neuen Zugverband. Nachdem die Konfiguration des neuen Zugverbands durch das CBTC-System erkannt worden ist, kann der gekuppelte Zugverband die Fahrt in der Betriebsart Supervised Manual Mode oder Automatic Mode fortführen. Der neue Zugverband wird mit der im
  Fahrplan hinterlegten Fahrzeugkennung geführt.
- *Entkuppeln unter CBTC-Verantwortung:* Entkuppeln unter CBTC-Verantwortung ist
  an definierten Standorten möglich. Das aktive CBTC-Fahrzeuggerät des Zugverbandes
  befindet sich in der Betriebsart Supervised Manual Mode oder Automatic Mode im
  Stillstand an dem Ort, wo entsprechend des Fahrplans Entkuppeln vorgesehen ist.
  Nachdem der Fahrdienstleiter durch ein entsprechendes Kommando den Entkupp-
  lungsvorgang erlaubt hat, wechselt der Fahrer des hinteren Zugteils in die ihm daraufhin angebotene Betriebsart Kuppeln. Der Fahrer entkuppelt beide Fahrzeuge entsprechend den für das Fahrzeug vorgesehenen Prozeduren. Nachdem die Fahrzeuge
  entkuppelt wurden, wird von beiden CBTC-Fahrzeuggeräten der nun entkuppelten
  Fahrzeugen die neue Konfiguration erkannt. Sie behalten beide eine gültige Position
  und können daher unmittelbar in der Betriebsart Supervised Manual Mode oder Automatic Mode den Betrieb fortsetzen. Die Fahrzeuge werden mit der im Fahrplan hinterlegten Fahrzeugkennung geführt.

5.5.3 Oberfunktion Überwachung des Fahrzeugzustands

Eine Fahrzeugdiagnose dient dazu, Fehler und Zustände der Fahrzeugausrüstung zu erkennen, welche die ordnungsgemäße Betriebsabwicklung beispielsweise durch Liegenbleiben oder Unfälle beeinflussen können. Die Überwachung des Fahrzeugzustands muss technisch erfolgen, da der Fahrerstand abhängig vom Automatisierungsgrad nicht mehr besetzt ist. Fehler und potenziell gefährliche Zustände des Fahrzeugs werden nicht mehr vom Fahrzeugführer offenbart und durch daraus abgeleitete Maßnahmen (zum Beispiel ein angepasstes Fahrverhalten) durch ihn beherrscht. Hieraus resultieren spezifische Anforderungen (VDV 2014):

- Störungen im Fahrzeug müssen erkannt werden.
- Bei erkannten die Betriebssicherheit gefährdende Störungen muss das Fahrzeug durch die Fahrzeugsteuerung sicherheitsgerichtet stillgesetzt werden. Dies geschieht je nach Schwere der erkannten Störung durch eine Anfahrsperre oder eine Sicherheitsbremsung.
- Ein stillgesetztes Fahrzeug ist durch geeignete Maßnahmen abzusichern. Beispielsweise kann der Betrieb im Nachbargleis eingeschränkt werden, um eine etwaige Evakuierung der Fahrgäste im stillgesetzten Fahrzeug vorzubereiten.
- Die Fahrdienstleiter muss die Fahrzeugstörung aus der Leitstelle heraus beurteilen. Die Meldungen müssen hierbei für den Leitstellenmitarbeiter leicht verständlich sein, müssen klare Handlungshinweise geben und dürfen nicht zu umfangreich sein (May et al. 2012).

Um diese Anforderungen zu erfüllen müssen Störungsmeldungen von der Fahrzeugsteuerung ermittelt und für das Fahrzeug im Zusammenhang mit anderen anstehenden Fahrzeugstörungen bewertet und kategorisiert werden. Die folgenden Fehlerkategorien werden nach (VDV 2014) empfohlen:

- *Kategorie A:* Liegengebliebener oder stillgesetzter Zug bei erkannten die Betriebssicherheit gefährdenden Störungen. Der Fahrdienstleiter muss mobiles Betriebspersonal zur Störungsbehebung oder Evakuierung der Fahrgäste entsenden.
- *Kategorie B:* Störungen, bei denen der Fahrdienstleiter das sofortige Aussetzen des Fahrzeugs an einem geeigneten Ort herbeiführen soll. Fahrgäste sind möglicherweise in der Folgehaltestelle zum Aussteigen aufzufordern. Mobiles Betriebspersonal kann den Zug am Aussetzort erwarten.
- *Kategorie C:* Störungen, bei denen die Fahrdienstleiter die aktuelle Fahrt bis zum Zielort zu Ende führen. Mobiles Betriebspersonal erwartet den Zug am Zielort oder der Zug wird bei nächster Gelegenheit bis zur Werkstatt überführt.
- *Kategorie D:* Störungen, bei denen der Fahrdienstleiter den Betriebseinsatz zu Ende führen kann. Der Zug wird dann bei einer ohnehin anstehenden turnusmäßigen Wartung in die Werkstatt überführt.

Tab. 5.1 zeigt die Störungskategorien mit ihren betrieblichen Auswirkungen.

Tab. 5.1 Störungskategorien im Überblick

Störungskategorie	Aussetzen des Zuges	Einsatz mobilen Betriebspersonals	Auswirkungen auf die Fahrgäste	Werkstattzuführung
Kategorie A	Zug liegengeblieben/ stillgesetzt auf freier Strecke	Entsendung auf freie Strecke	gegebenenfalls Evakuierung von freier Strecke einleiten	kurzfristiges Bergen des Zuges von freier Strecke
Kategorie B	sofort an geeignetem Ort	Entsendung zum Aussetzort	Information über vorzeitigen Ausstieg am Aussetzort	Überführung bei nächster Gelegenheit (spätestens am Ende des Betriebstages)
Kategorie C	Aussetzen am geplanten Zielort	Entsendung zum Aussetzort	Keine Auswirkungen	Überführung bei nächster Gelegenheit (spätestens am Ende des Betriebstages)
Kategorie D	nicht erforderlich	nicht erforderlich	Keine Auswirkungen	Überführung bei ohnehin anstehender Wartung

5.6   Hauptfunktion Störfallerkennung und Störfallmanagement

Insbesondere, wenn sich für den Betrieb kein Fahrzeugführer mehr an Bord der Fahrzeuge befindet, müssen Störfälle automatisch erkannt werden. Hierbei gibt Störfälle, die durch fahrzeugseitige oder infrastrukturseitige technische Systeme automatisch erkannt werden. Es erfolgt in diesem Fall eine unverzügliche automatische Meldung des Störfalls an die Leitstelle. Beispiele hierfür sind die Aktivierung infrastruktur- oder fahrzeugseitiger fahrgastbezogener Sicherheitssysteme (Abschn. 5.6.1), das Auslösen infrastruktur- oder fahrzeugseitiger Brandmeldesysteme (Abschn. 5.6.2), die Evakuierung von Fahrgästen (Abschn. 5.6.3), das Auslösen der fahrzeugseitigen Hinderniserkennung (Abschn. 5.6.4) oder das Auslösen einer fahrzeugseitigen Entgleisungserkennung (Abschn. 5.6.5).

5.6.1   Oberfunktion Fahrgastalarmmeldungen

Störfälle können durch Fahrgäste in den Fahrzeugen oder in Haltestellen erkannt werden. Die Fahrgäste melden die Störfälle durch geeignete technische Einrichtungen wie beispielsweise Einrichtungen für Sprechverbindungen zwischen Fahrgästen in den Haltestellen und der Leitstelle.

Auswertung fahrzeugseitiger Fahrgastalarmmeldungen
Ein Beispiel hierfür ist die Meldung eines Vorfalls auf einem Fahrzeug über eine Schnittstelle für den Fahrgastalarm. Die Schnittstelle für den Fahrgastalarm unterstützt verschiedene Funktionen (DIN EN 16334-2:2020).

- *Möglichkeit der Alarmierung der Betriebsleitstelle für die Fahrgäste im Notfall:* Das Fahrgastalarmsystem befindet sich im Fahrgastbereich. Wird ein Fahrgastalarmgriff betätigt, muss er in der aktivierten Position einrasten und sich deutlich sichtbar von der unbetätigten Normalstellung unterscheiden. Zusätzlich sollte der Fahrgast eine Rückmeldung über die Betätigung mittels eines optischen oder akustischen Signals erhalten. Das Betätigen eines Fahrgastalarmgriffs wird dem Betriebspersonal in der Leitstelle angezeigt und von diesem quittiert. Die Leitstelle baut dann eine Sprechverbindung zum Fahrgast auf. An der Schnittstelle für den Fahrgastalarm wird dem Fahrgast eine Rückmeldung angezeigt, wenn die Sprechverbindung in die Leitstelle zustande gekommen ist. Sollte eine Funktionsstörung des Fahrgastalarmsystems erkannt werden, wird dies ebenfalls auf der Leitstelle angezeigt, damit entsprechende Maßnahmen eingeleitet werden können (DIN EN 16334-2).
- *Anhalten des Zuges in Übereinstimmung mit den Betriebsvorschriften:* Unter bestimmten Betriebsbedingungen (z. B. im Tunnel) kann eine Bremsüberbrückung gefordert sein. Hierbei darf beim Fahren zwischen Bahnhöfen oder an Orten, an denen eine Passagierevakuierung schwierig ist (Tunnel) das Fahrgastalarmsystem nicht unmittelbar eine Bremsung anfordern. Dies erfordert eine Erkennung des Bahnsteigbereichsendes. Der Bereich des unmittelbaren Bremsens am Bahnsteig liegt zwischen dem Abfahrtsort des Zuges und dem Zugschluss des Zuges, der den Bahnsteig verlässt. Dies kann entweder durch Einbindung in ein Signalsystem erkannt werden (physische Erkennung) oder durch Auswertung der Deaktivierung der Türfreigabe und einer vom Fahrzeug zurückgelegten Distanz erfolgen (nicht-physische Erkennung).
- *Erteilen einer Erlaubnis an den Zug je nach Bedingung weiterzufahren und an einem sicheren Ort zu halten:* Das Fahrgastalarmsystem darf nur durch autorisiertes Personal in der Leitstelle zurückgesetzt werden. Dies darf nur dann aus der Leitstelle heraus passieren, wenn ein CCTV (Closed Circuit Television) auf den Fahrzeugen eingesetzt wird. Da Fahrzeuge mehrere Fahrgastalarmgriffe haben, werden über die Fahrzeugsteuerung Informationen zur Lokalisierung des betätigten Fahrgastalarmgriffs im Zugverband bereitgestellt. Wenn ein CCTV verfügbar ist, darf das Fahrgastalarmsystem Informationen an das CCTV geben, um aufzuzeigen, an welchem Ort ein Fahrgastalarmgriff betätigt wurde, um die vorrangige Überwachung des betreffenden Bereiches zu ermöglichen. Nachdem das Fahrgastalarmsystem zurückgesetzt wurde, kann der Zug seine Fahrt bis zu einem sicheren Ort fortsetzen.

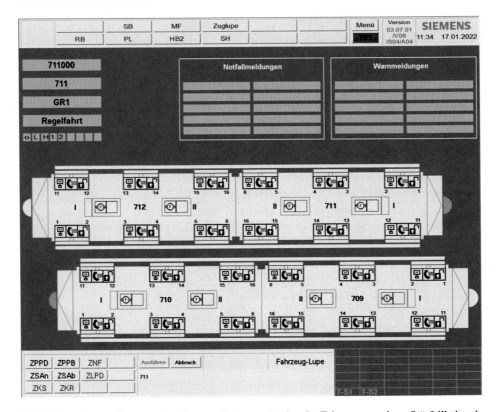

Abb. 5.19 Fahrzeuglupe zur Anzeige von Systemzuständen der Fahrzeuge und zur Störfallbehandlung (Quelle: VAG Nürnberg; Siemens Mobility GmbH) neue Abbildung

Über verschiedene Wege eingehende Störfallmeldungen werden auf einer Leitstelle angezeigt. Das Leitstellenpersonal kann von dort die angemessene sicherheitsgerichtete Reaktion anstoßen und eine geordnete Rückkehr in den Regelbetrieb koordinieren (beispielsweise die Evakuierung von Fahrgästen, vgl. Abschn. 5.6.2). Abb. 5.19 zeigt ein Beispiel der Bedienung und Anzeige für fahrzeugseitige Einrichtungen auf der Leitstelle eines unbegleiteten fahrerlosen Systems.

Auswertung infrastrukturseitiger Fahrgastalarmmeldungen
Auch infrastrukturseitige Alarme werden ausgewertet, dem Bediener auf dem Bedienplatz angezeigt (vgl. Abb. 5.20) und führen zu Systemreaktionen zur sicheren Seite. Diese Systemreaktionen erfordern ebenfalls die Mitwirkung von Betriebspersonal. Dies gilt für exemplarisch für die folgenden Beispiele:

- *Auslösen der Bahnsteiggleisüberwachung:* Das Eindringen von Personen in den vom Bahnsteig aus erreichbaren Gleisbereich muss technisch erkannt werden. Dies ist in Abb. 5.20. exemplarisch dargestellt. Über zähl- und protokollpflichte Bedienhandlun-

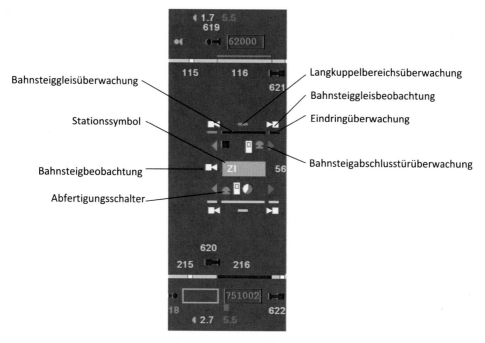

Abb. 5.20 Ausschnitt des Bedien- und Anzeigesystems der fahrerlosen U-Bahn in Nürnberg zur Darstellung der Elementzustände des Bahnsteigsicherungssystems (Quelle: VAG Nürnberg; Siemens Mobility GmbH) neue Abbildung

gen der Leitstelle können Meldungen der Bahnsteiggleisüberwachung zurückgesetzt werden. Zur Steigerung der Verfügbarkeit bei Störungen kann ebenfalls über eine zähl- und protokollpflichte Bedienhandlung der Leitstelle die Bahnsteiggleisüberwachung zurückgesetzt werden. Voraussetzung hierfür ist, dass ein Gefährdungsausschluss durch eine ständige Fernbeobachtung des betreffenden Gleisbereichs aus der Leitstelle gegeben ist oder durch Betriebspersonal vor Ort gegeben ist und das Betriebspersonal den Fahrbetrieb im Bedarfsfall stillsetzen kann (VDV 2000).

- *Auslösen des Nothaltschalters in der Station:* Der Nothaltschalter ist Teil des fahrgastbezogenen Sicherheitssystems in Haltestellen zum Stillsetzen des Fahrgastbetriebs im Notfall. Die konkrete Reaktion umfasst neben einer Auslösung einer Notbremsung des in die Station einfahrenden Fahrzeugs sowie die Abschaltung des Traktionsstroms im Ereignisfall. Für die Umsetzung der Schutzmaßnahmen ist im jeweiligen Einzelfall die konkrete Stationstopologie zu berücksichtigen. Weist die Station einen mittig liegenden Bahnsteig mit zwei außenliegenden Stationsgleisen auf, kann die Zwangsreaktion für jedes Stationsgleis einzeln erfolgen. Weist die Station jedoch außenliegende Bahnsteige mit zwei innenliegenden Stationsgleisen auf, muss die Zwangsreaktion (Abschaltung des Traktionsstroms) für beide Stationsgleise erfolgen, da ein Übertreten von einem auf das andere Richtungsgleis möglich ist. Die Umsetzung der konkreten Projektierung ist also abhängig von der jeweiligen Stationstopologie.

- Der Nothaltschalter dient vornehmlich zum Abdecken von Gefahrenmomenten aus dem Fahrgastbetrieb im Bereich der Bahnsteigkante. Auch hier kann über eine zähl- und protokollpflichte Bedienhandlung die Meldungen Nothalt zurückgesetzt werden. Ebenso kann über eine zähl- und protokollpflichte Bedienhandlung der Nothalt zurückgesetzt werden. Es gelten die gleichen Voraussetzungen wie bei der zuvor dargestellten Deaktivierung der der Bahnsteiggleisüberwachung (VDV 2000).

- *Auslösen der Eindringüberwachung:* Das Eindringen von Personen in den benachbarten Gleisbereich von Stationen muss technisch erkannt werden. Dies ist in Abb. 5.20 exemplarisch dargestellt. Über eine zähl- und protokollpflichte Bedienhandlung kann die Meldung der Eindringüberwachung zurückgesetzt werden und ebenso deaktiviert werden. Eine Fortführung des Betriebs bei deaktivierter Eindringüberwachung ist nur dann möglich, wenn eine Fernbeobachtung des Eindringortes durch einen Betriebsbediensteten möglich ist und dieser den Fahrgastbetrieb im angrenzenden Streckenbereich stillsetzen kann. Alternativ kann der Fahrerstand mit einem Betriebsbediensteten zum Zwecke der Streckenbeobachtung besetzt werden (VDV 2000).

5.6.2   Oberfunktion Brandmeldung

Um frühzeitig eine durch Brand bzw. Rauch ausgehende Gefährdung der Fahrgäste zu verhindern, werden Infrastruktur und Fahrzeuge mit einer Brandmeldeanlage ausgestattet.

Auswertung fahrzeugseitiger Brandmeldeanlagen
Temperatursensoren und Rauchmelder in verschiedenen Komponenten des Fahrzeuges sowie im Fahrgastraum detektieren frühzeitig einen Brand. Bei Ansprechen des fahrzeugseitigen Brandmeldesystems erfolgt eine ortsselektive Meldung an die Leitstelle und wird in der Fahrzeuglupe (Abb. 5.19) angezeigt. Durch den Einsatz spezieller funktionserhaltender Kabel im Fahrzeug wird erreicht, dass im Falle eines sich entwickelnden Brandes die Mindestfunktionen des Fahrzeugs aufrecht erhalten bleiben. Das Fahrzeug kann auf diese Weise sicher die nächste Haltestelle erreichen, sodass dort eine Evakuierung erfolgen kann (Müller und Schmidt 2003). Die Fahrgastraumtüren werden auf der vorgegebenen Seite durch eine Bedienhandlung auf der Fahrzeuglupe (Abb. 5.19) freigegeben. Die Türen können dann von den Fahrgästen geöffnet werden.

Auswertung infrastrukturseitiger Brandmeldeanlagen
Neben der Auswertung fahrzeugseitiger Brandmeldungen müssen auch Brandmeldungen infrastrukturseitiger Einrichtungen ausgewertet werden. Darüber hinaus werden sicherheitsgerichtete Reaktionen angestoßen:

- Bei erkanntem *Rauch in einer Haltstelle* werden Züge, die sich in Annäherung befinden, die Haltestelle ohne Halt durchfahren. Züge, die sich in der vorhergehenden Haltestelle befinden, werden durch Unterbindung der Abfertigung von der Annäherung auf die Haltestelle zurückgehalten. Züge, die in Annäherung auf die vorhergehende Haltestelle sind, werden angehalten.
- Bei erkanntem *Rauch zwischen zwei Haltestellen* werden Züge, die sich im betreffenden Streckenbereich befinden, weiterfahren, sofern keine Fahrtrestriktionen bestehen. Auch hier werden Züge in der vorhergehenden Haltestelle an der Ausfahrt gehindert, bzw. in Anfahrt auf die vorhergehende Haltestelle befindliche Züge angehalten.

5.6.3 Oberfunktion Evakuierung

Bei der Evakuierung ist zwischen Selbstrettung und Fremdrettung zu unterscheiden. Eine Evakuierung kann auch als Kombination aus Selbst- und Fremdrettung umgesetzt werden. Eine große Rolle spielt in beiden Fällen die situationsangemessene Information der Fahrgäste. Hierfür muss es möglich sein, die Fahrgäste über die eingetretene Störung zu informieren und sie über die erforderlichen Maßnahmen der Selbst- und Fremdrettung zu informieren.

Unterstützung der Selbstrettung von Fahrgästen
Selbstrettung ist die Fähigkeit zum richtigen Umgang mit Situationen, die das eigene Leben bedrohen. Der Betroffene ist zur Abwendung der Lebensbedrohung für sich selbst in der Lage, eine solche Situation zu erkennen und angemessen darauf zu reagieren. Bei der Selbstrettung ist zu berücksichtigen, dass aufgrund des eingetretenen Notfalls nicht bis zur Fremdrettung gewartet werden kann. Es muss daher auch eine Türnotöffnung aus dem Innern des Fahrzeugs auch bei Ausfall der Stromversorgung der Türsteuerung möglich sein. Allerdings gelten für die Notöffnung einer Tür besondere Sicherheitsanforderungen:

- *Vermeidung versehentlicher und missbräuchlicher Türöffnungen:* Um Unfälle beim versehentlichen oder missbräuchlichen Notöffnen von Türen zu verhindern, dürfen die -Fahrzeugtüren nicht selbsttätig öffnen. Es sollte daher bei der Gestaltung der Fahrzeugtüren das Prinzip der zwei Handlungen angewendet werden. Dies ist zum Beispiel dann der Fall, wenn mit der ersten Handlung die Türnotöffnung von den Fahrgästen im Fahrzeug betätigt wird. Mit der zweiten Handlung kann dann die Tür von den Fahrgästen von Hand aufgeschoben werden (VDV 2017).
- *Automatische Aktivierung von Schutzmaßnahmen:* Eine automatische Einrichtung einer Befahrbarkeitssperre für in der Gegenrichtung verkehrende oder folgende Züge

kann erforderlich werden, um zu verhindern, dass vor einem Notfall flüchtende Fahrgäste mit anderen Zügen kollidieren. Diese Befahrbarkeitssperre kann beispielsweise automatisch gesetzt werden, wenn bei einem Zug eine unerwartete Türöffnung außerhalb einer Station erkannt wird. Gleiches gilt für die Fahrspannungsabschaltung (VDV 2000).

- Eine *Freigabe der Tür-Notentriegelung* ist beispielsweise für die Evakuierung relevant. Sobald sich der Zug in Bewegung setzt, wird die Tür-Notentriegelung gesperrt, da in diesem Fall bei Öffnung der Tür die Sicherheit der Fahrgäste nicht ausreichend sichergestellt ist (VDV 2017). Bleibt der Zug im Tunnel störungsbedingt stehen, so bleibt die Tür-Notentriegelung so lange gesperrt, bis entsprechende Sicherheitsmaßnahmen wie Anhalten des Gegenverkehrs, Stromschiene spannungslos schalten und Einschalten der Tunnelbeleuchtung eingeleitet werden konnten. Erst dann wird die Türnotentriegelung mit einer Bedienung auf der Fahrzeuglupe freigegeben (Abb. 5.19) und den Fahrgästen ein gefahrloses Verlassen des Zuges ermöglicht (Müller und Schmidt 2003).

Unterstützung der Fremdrettung von Fahrgästen

Als Fremdrettung wird die Befähigung zum richtigen Umgang mit lebensbedrohenden Situationen anderer bezeichnet. Hierbei werden die Rettenden befähigt, solche Situationen zu erkennen, zu beurteilen und situationsbezogen zu reagieren. Die Rettenden sind in der Lage, ohne Eigen-gefährdung anderen Personen Hilfe zu leisten. Das Ziel der Fremdrettung besteht darin, den Betroffenen aus der lebensbedrohenden Situation herauszuhelfen. Bei Verkehrsbetreibern sind an der Fremdrettung nicht nur unterschiedliche Stellen im Unternehmen zu beteiligen, sondern auch Abstimmungen mit Behörden und Organisationen mit Sicherheitsaufgaben (BOS) zu treffen. Grundsätzlich können verschiedene Ansätze der Fremdrettung unterschieden werden, die durch eine entsprechende Gestaltung technischer und organisatorischer Maßnahmen unterstützt werden müssen:

- *Notfalltüröffnung der Fahrzeugtür von außen:* Fahrzeugseitig ist sicherzustellen, dass es den Betriebsbediensteten, bzw. dem Rettungsdienst möglich ist, das Fahrzeug von außen ohne den Einsatz spezieller Werkzeuge zu betreten. Eine Notfalltüröffnung von außen muss also möglich sein. Die Zugsicherungsanlage ist hierbei nicht beteiligt.
- *Ferngesteuerter Betrieb des Fahrzeugs aus der Leitstelle:* Um ein besetztes Fahrzeug im Falle einer Störung aus dem Tunnel zu fahren, kann von den Betreibern auch ein ferngesteuerter Betrieb vorgesehen werden. Hierbei fährt Leitstellenpersonal das Fahrzeug fernbedient aus der Leitstelle aus dem Gefahrenbereich. Hierzu können fahrzeugseitig Kameras vorgesehen werden, über welche der vor dem Fahrzeug liegende Streckenbereich von der Leitstelle aus eingesehen werden kann (vgl. Abb. 5.21).
- *Einsatz eines Rettungszuges:* Für den Fall eines betriebsverhindernden Ausfalls eines fahrerlosen Zuges können Rettungszüge zur Bergung des havarierten Zuges zum Einsatz kommen. In diesem Fall wird die Durchführung feindlicher Zugfahrten verhindert. Der Bediener der Leitstelle kommuniziert über eine Sprechverbindung mit den Fahr-

Abb. 5.21   Kamera am Fahrzeug zur Fernsteuerung aus der Leitstelle (Beispiel: Fahrzeug vom Typ X für die fahrerlose Linie U5 der Wiener Linien)

gästen im Fahrzeug und analysiert den Status des havarierten Zuges aus der Ferne. Als Rettungszug kommt ein vorausfahrender Zug oder ein nachfolgender Zug des havarierten Zuges in Frage. Für die Umsetzung des Rettungsszenarios lässt der Bediener der Leitstelle alle Fahrgäste des Rettungszuges an einer Station aussteigen. Er erteilt dem Rettungszug ein Kommando, sich dem havarierten Zug zu nähern. Anschließend wird eine automatische fahrerlose Kupplung des Rettungszuges mit dem havarierten Zug durchgeführt. Hierfür erhält der Rettungszug eine Erlaubnis zur Annäherung an den havarierten Zug mit niedriger Geschwindigkeit. Der Rettungszug kuppelt mechanisch mit dem havarierten Zug und bildet mit diesem einen Zugverband. Anschließend erfolgt eine Neukonfiguration des gebildeten Zugverbandes (beispielsweise neue Zuglänge). Anschließend schiebt, bzw. zieht der Rettungszug den havarierten Zug. Der Zugverband kommt in der nächsten Station an einer Position zum Stillstand, die ein sicheres Aussteigen der Fahrgäste ermöglicht. Hierbei wird die Position von Bahnsteigtüren mit berücksichtigt.

5.6.4   Oberfunktion Hinderniserkennung

Für den automatischen Betrieb kann jeweils am führenden Drehgestell ein aktiver Bahnräumer vorgesehen werden, der durch Hindernisse im Gleisbereich ausgelöst wird. Sollte ein Gegenstand auf diesen Bahnräumer treffen, erkennen Endlagenschalter den Druck auf

Abb. 5.22 Aktiver Bahnräumer zur Hinderniserkennung am führenden Drehgestell (Beispiel: Fahrzeug vom Typ X für die fahrerlose Linie U5 der Wiener Linien)

den Bahnräumer und lösen eine nicht aufhebbare Bremsung bis zum Stillstand aus (May et al. 2012). Es wird in diesem Fall eine Meldung auf der Fahrzeuglupe (Abb. 5.19) in der besetzten Leitstelle angezeigt, so dass von dort weitere betriebliche Maßnahmen veranlasst werden können (VDV 1997). Mobiles Betriebspersonal stellt durch eine Sichtkontrolle sicher, dass die die Hinderniserkennung auslösende Bedingung nicht mehr vorliegt. In diesem Fall kann das Leitstellenpersonal über eine registrierpflichtige Bedienhandlung die ausgelöste Hinderniserkennung zurücksetzen. Anschließend kann das Fahrzeug die Fahrt fortsetzen. Ein Beispiel eines aktiven Bahnräumers ist in Abb. 5.22 dargestellt.

5.6.5   Oberfunktion Entgleisungserkennung

Es müssen auf dem Fahrzeug Einrichtungen vorhanden sein, die mindestens das führende Fahrwerk auf Entgleisung überwachen können (Müller und Schmidt 2003). Technisch kann dies beispielsweise über Beschleunigungssensoren an den Achsen erkannt werden. Die Beschleunigungssensoren erkennen, wenn ein Räderpaar nicht mehr auf der Schiene aufsitzt. Wird eine Entgleisung erkannt, muss eine Bremsung des Fahrzeugs bis zum Stillstand erfolgen. Darüber hinaus muss die Entgleisung der besetzten Betriebsstelle gemeldet und auf der Fahrzeuglupe (Abb. 5.19) als Notfallmeldung angezeigt werden (VDV 1997). Das Personal der Betriebsleitstelle ergreift dann erforderliche betriebliche Maßnahmen wie bspw. Anhalten des Gegenverkehrs (DIN EN 62267). Mobiles Betriebspersonal führt eine Sichtkontrolle am Fahrzeug durch und entscheidet vor Ort über das weitere Vorgehen. Im Falle einer fehlerhaft ausgelösten Entgleisungsmeldung wird das Leitstellenpersonal, welches über eine registrierpflichtige Bedienhandlung auf der Fahrzeuglupe

Abb. 5.23 Beschleunigungssensor am führenden Fahrwerk zur Entgleisungserkennung (Beispiel: Fahrzeug vom Typ X für die fahrerlose Linie U5 der Wiener Linien)

(Abb. 5.19) die ausgelöste Entgleisungserkennung zurücksetzt. Anschließend kann das Fahrzeug die Fahrt fortsetzen. Ein Beispiel eines am führenden Fahrwerk angebrachten Beschleunigungssensors zur Entgleisungserkennung ist in Abb. 5.23 dargestellt.

Als Käufer*in dieses Buches können Sie kostenlos unsere Flashcard-App „SN Flashcards" mit Fragen zur Wissensüberprüfung und zum Lernen von Buchinhalten nutzen.

1. Gehen Sie bitte auf https://flashcards.springernature.com/login und
2. erstellen Sie ein Benutzerkonto, indem Sie Ihre Mailadresse angeben und ein Passwort vergeben.
3. Verwenden Sie den folgenden Link, um Zugang zu Ihrem SN Flashcards Set zu erhalten: https://go.sn.pub/1axIDX

Sollte der Link fehlen oder nicht funktionieren, senden Sie uns bitte eine E-Mail mit dem Betreff „SN Flashcards" und dem Buchtitel an customerservice@springer-nature.com

Literatur

(Brückner und Isailovsik 2010) Bückner, Nils und Aleksandar Isailovski: CrCo – *Ein Algorithmus zum Einsparen von Fahrenergie*. In: Signal + Draht (102) 10/2010, S. 43–46.
(DIN EN 16334-2:2020) Bahnanwendungen – Fahrgastalarmsystem – Teil 2: Systemanforderungen für städtische Schienenbahnen. Deutsche Fassung EN 16334-2:2020.

(DIN EN 62267:2010) DIN EN 62267:2010 Bahnanwendungen – Automatischer städtischer schienengebundener Personennahverkehr (AUGT) – Sicherheitsanforderungen. Deutsche Fassung EN 62267:2009.

Dombrowsky H, Müller R, May A, Seitzinger E (2008) Premiere für Deutschlands erste automatisierte U-Bahn. Nahverkehr 26(5):8–16

(Eichner und Uhrig 2021) Eichner, Dominique und Björn Uhrig: Innovationen in CBTC-Anwendungen. In: Signal + Draht 113, 9/2021, S. 34 – 44. EN17168:2021-09: Platform barrier systems.

Haspel U, vom Hövel R (2001) Risikobeherrschung nach CENELEC bei der fahrerlosen Metro Kopenhagen. Eisenbahntechn Rundsch 50(7/8):418–426

IEEE 1474.1-2004 – IEEE standard for Communications-Based Train Control (CBTC) performance and functional requirements

Krins ST, Rudall Y, Ruiter T (2016) Ein autarkes System zur Steuerung von Bahnsteigtüren. Signal + Draht 108(11):16–21

Maschek U (2018) Sicherung des Schienenverkehrs – Grundlagen und Planung der Leit- und Sicherungstechnik. Springer Vieweg, Wiesbaden

May A, Luber T, Meier-Alt B (2012) Aktuelle Entwicklungen im Nürnberger U-Bahn-System. Eisenbahntechn Rundsch 61(1+2):40–48

Müller R, Schmidt K (2003) Eine automatische U-Bahn für Nürnberg – Technische Besonderheiten der AGT-Fahrzeuge für Nürnberg. Eisenbahntech Rundsch 52(11):679–685

(Ortloff und Aust 2016) Ortloff, Alexander und Frank Aust: Controlguide OCS – Sicherung von Baustellen im Gleisbereich mit mobilen Geräten. In: Signal + Draht 108, 12/2016, S. 39–49.

Pachl J (2016) Systemtechnik des Schienenverkehrs – Bahnbetrieb planen, steuern und sichern. Springer Vieweg, Wiesbaden

Rahn K (2011) Green Mobility – Effiziente Zugbeeinflussung mit CBTC-Systemen. Signal + Draht 103(10):26–29

Ritter N (2014) Signal- und Zugsicherungsanlagen für Nahverkehrsbahnen. Signal + Draht 106(11):15–25

(TR Bremse 2008) Technische Regeln für die Bemessung und Prüfung der Bremsen von Fahrzeugen nach der Verordnung über den Bau und Betrieb der Straßenbahnen. Ausgabe: Dezember 2008.

Verband Deutscher Verkehrsunternehmen (1997) BOStrab-Richtlinien für den Fahrbetrieb ohne Fahrzeugführer (FoF), Entwurf, Januar 1997

Verband Deutscher Verkehrsunternehmen (2000) VDV-Schrift 399. Anforderungen an Einrichtungen zur Gewährleistung der Fahrgastsicherheit in Haltestellen bei Fahrbetrieb ohne Fahrzeugführer.

Verband Deutscher Verkehrsunternehmen (2014) VDV-Schrift 336-2. Funktionale Anforderungen für Signal- und Zugsicherungsanlagen sowie Betriebsleitsysteme des städtischen schienengebundenen Personennahverkehrs. Teil 2. Zugsicherungsanlagen. VDV, Köln

Verband Deutscher Verkehrsunternehmen (2017) VDV-Schrift 157: Anforderungen an den Einklemm- und Verletzungsschutz sowie an Notöffnungseinrichtungen an Türen von Personenfahrzeugen nach BOStrab. VDV, Köln

Verlässlichkeit automatischer Zugbeeinflussungssysteme

6

Ziel eines Bahnsystems ist die Bereitstellung einer bestimmten Stufe der Ausprägung des Schienenverkehrs, der fahrplangemäß und sicher ist. Neben den eigentlichen funktionalen Anforderungen müssen automatische Zugbeeinflussungssysteme auch nicht-funktionale Anforderungen erfüllen. Die Verlässlichkeit als Systemeigenschaft automatischer Zugbeeinflussungssysteme wird im englischen Sprachgebrauch auch mit der Abkürzung RAMSS bezeichnet. Hierbei stehen die einzelnen Buchstaben für spezifische Aspekte, die in der Systemgestaltung automatisierter Zugbeeinflussungssysteme mit berücksichtigt werden müssen.

- *Reliability* (Zuverlässigkeit),
- *Availability* (Verfügbarkeit),
- *Maintainability* (Instandhaltbarkeit),
- *Safety* (Sicherheit im Sinne eines Schutzes der Umwelt vor Systemversagen),
- *Security* (Angriffssicherheit, das heißt Sicherheit im Sinne eines Schutzes des Systems vor Störeinflüssen aus der externen Umwelt).

Diese einzelnen Aspekte werden in den folgenden Abschnitten näher beleuchtet.

6.1 Sicherheit

Die übergeordnete Zielstellung der Betreiber von Nahverkehrssystemen ist ein sicherer und ordnungsgemäßer Betrieb. Hierbei müssen zwei unterschiedliche Aspekte betrachtet werden. Zum einen geht es um den Schutz der Fahrgäste und der Umwelt vor Systemversagen. Dies ist Gegenstand der funktionalen Sicherheit (englisch: *Safety*) und wird in Abschn. 6.1.1. dargestellt. Zum anderen geht es aber auch um den Schutz des Systems vor

© Springer-Verlag GmbH Deutschland, ein Teil von Springer Nature 2022
L. Schnieder, *Communications-Based Train Control (CBTC)*,
https://doi.org/10.1007/978-3-662-65285-5_6

unberechtigten Zugriff Dritter (englisch: *Security*). Dies ist ebenfalls Gegenstand einer zielgerichteten Systemgestaltung und wird daher in Abschn. 6.1.2. dargestellt. Getreu der Devise „what's not secure is not safe" bestehen zwischen diesen beiden Sicherheitsaspekten Wechselwirkungen.

6.1.1   Funktionale Sicherheit (Safety)

Sicherheit ist die „Freiheit von unvertretbaren Risiken". Das Risiko ist hierbei die Kombination aus der Wahrscheinlichkeit, mit der ein Schaden auftritt und dem Ausmaß dieses Schadens. Hierfür hat sich in den hierfür relevanten Normen (DIN EN 50126-1:2018; DIN EN 50129:2019) ein Verfahren etabliert, welches im Entwicklungsprozess eine klar definierte Schnittstelle zwischen den Betriebsanforderungen des Betreibers einschließlich der Umgebung und dem Sicherungssystem als der technischen Lösung des Herstellers etabliert. Hinsichtlich der Sicherheit wird diese Schnittstelle durch eine Liste von Gefährdungen bestimmt, die zu einem Unfall führen können. Das Ergebnis der *Risikoanalysen* sind Gefährdungsraten, die mit dem Zugsicherungssystem verbunden sind. Wenn das mit dem Zugsicherungssystem verbundene Risiko geringer als ein vorgegebener Risikogrenzwert ist, dann werden diese Gefährdungsraten tolerierbare Gefährdungsraten (Tolerable Hazard Rate, THR) genannt.

In diesem Zusammenhang sind die Aufgaben des Betreibers die folgenden:

- *Festlegung funktionaler Anforderungen* für das betreffende System. Die Anforderungen sind zunächst unabhängig von dessen konkreter technischer Ausführung. Hierbei kann auf einschlägige Standards zurückgegriffen werden. So enthält beispielsweise DIN EN 62267 auf hoher Betrachtungsebene gehaltene Sicherheitsanforderungen. Diese sind anwendbar auf automatische städtische fahrer- oder begleiterlose Systeme, die auf einem (vom übrigen Verkehr) unabhängigen Bahnkörper verkehren (DIN EN 62267:2010).
- *Identifikation systemrelevanter Gefährdungen*: Die Gefährdungsidentifikation beinhaltet eine systematische Analyse eines Systems. Diese hat zum Ziel, Gefährdungen, die sich während des Lebenszyklusses eines Systems ergeben können, zu erkennen.
- *Analyse der Folge von Gefährdungen*: Die Folgenanalyse befasst sich mit der Quantifizierung wahrscheinlicher Konsequenzen, die sich aus einer identifizierten Gefährdung ergeben können.
- Um sicherzustellen, dass das gewählte *Risiko tolerierbar* ist, können verschiedene Risikoakzeptanzprinzipen zur Anwendung kommen (Anwendung von Regelwerken, Vergleich mit Referenzsystemen oder eine explizite Risikoabschätzung). Nach der Wahl und Anwendung des Risikoakzeptanzprinzips wird der Prozess mit der Risikobeurteilung und der Festlegung von Sicherheitsanforderungen fortgesetzt.
- Ableitung *tolerierbarer Gefährdungsraten,* beispielsweise mittels einer geeigneten Risikoanalysemethode (Braband 2005).

Der Hersteller ist verpflichtet, eine *Gefährdungsbeherrschung* zu argumentieren. Dies umfasst die folgenden Aspekte:

- Festlegung *der konkreten Systemarchitektur* unter Berücksichtigung der tolerierbaren Gefährdungsraten für jede Gefährdung.
- Analyse der *Ursachen* für jede Gefährdung.
- Verfeinerung der *Sicherheitsanforderungen* im Sinne einer Zuweisung der Gefährdungsraten und der korrespondierenden Sicherheitsintegritsanforderungen (Sicherheitsintegritätslevel, SIL) auf die betreffenden Teilsysteme.
- Dokumentation eines *Sicherheitsnachweises* (englisch: Safety Case). Der zentrale Bestandteil des Sicherheitsnachweises ist der *Technische Sicherheitsbericht* (englisch: Technical Safety Report). Gegenstand des Sicherheitsnachweises ist die Betrachtung des korrekten funktionalen Verhaltens des Systems. Dies bedeutet, dass alle in der Risikoanalyse identifizierten Gefährdungen durch Schutzfunktionen des Zugsicherungssystems auch tatsächlich erfüllt werden. Ebenfalls wird gezeigt, dass Ausfallauswirkungen (Einfach- und Mehrfachausfälle) beherrscht werden, sowie ein sicherer Betrieb bei wirkenden externen Umwelteinflüssen sichergestellt werden kann (vgl. DIN EN 50129:2019). In Bezug auf die Kommunikation zwischen Fahrzeug- und Streckeneinrichtungen müssen Gefährdungen durch Wiederholung, Auslassung, Einfügung, Verfälschung, Verzögerung und Manipulation übertragener Informationen beherrscht werden. Hierfür sind technische Maßnahmen zur Absicherung der Ende-zu-Ende-Verbindung in einschlägigen Standards für Bahnanwendungen (vgl. DIN EN 50159:2011) vorgegeben.

Wegen der großen Bedeutung der Risikoanalyse wird diese nachfolgend vertieft behandelt. Die DIN EN 50126 legt für die Durchführung der Risikoanalyse kein bestimmtes Verfahren fest. Zur Einstufung des Risikos schlägt sie qualitative Kategorien für die Häufigkeit und den Schweregrad vor. Die Risikobewertung muss durch Kombination der Häufigkeit des Eintritts eines Gefahrenfalls mit der Schwere der Konsequenzen erfolgen. Die Risikobewertung soll im Ergebnis eine qualitative Kategorie ermitteln, die der notwendigen Risikominderung entspricht. Aus der notwendigen Risikominderung können dann Sicherheitsintegritätsanforderungen (Sicherheitsintegritätslevel, SIL) abgeleitet werden.

Es besteht eine Vielzahl verschiedener methodischer Ansätze für die Durchführung von Risikoanalysen. Diese können in qualitative Ansätze (beispielsweise Expertenschätzungen), semi-quantitative Ansätze (beispielsweise Risikographen) oder quantitative Ansätze (beispielsweise simulationsbasierte Ansätze) unterschieden werden. Da eine gesamte Darstellung der Bandbreite verschiedener Risikoanalysemethoden den Rahmen dieses Buches sprengen würde, wird im Folgenden exemplarisch auf zwei ausgewählte semiquantitative Risikoanalysemethode eingegangen. Für eine umfassende Darstellung wird auf weiterführende Fachliteratur verwiesen (Schnieder und Schnieder 2013).

Ermittlung der Sicherheitsintegritätsanforderung mittels Risikograph

Der Verband Deutscher Verkehrsunternehmen hat in (VDV 2008) einen Vorschlag aus-
gearbeitet, wie der Risikograph nach DIN EN 61508-5 für Zugsicherungsanlagen genutzt
werden kann. Eine analoge Anwendung des Risikographen zur Ermittlung sicherheits-
technischer Anforderungen für die elektrische Ausrüstung von Schienenfahrzeugen erfolgt in (VDV 2005) und (VDV 2009). Für die Bestimmung der Risikominderung werden
insgesamt vier verschiedene Risikoparameter verwendet. Die Auswahl der Risikoparameter sowie die darauf basierende Ableitung des Sicherheitsintegritätslevels (SIL) wird
exemplarisch für die Funktion der Überwachung der vorgegebenen Grenzgeschwindigkeit
(abhängig von der Streckentopografie, vorübergehenden Langsamfahrstellen, Nothalten
oder Zielpunkten) dargestellt. Die Auswirkung beim Fehlerfall dieser Schutzfunktion ist,
dass eine Überschreitung der vorgegebenen Grenzgeschwindigkeit nicht erkannt wird und
daher keine Zwangsbremsung erfolgt. Dies kann letzten Endes zu einem Zusammenstoß
mit anderen Fahrzeugen oder zu einer Entgleisung führen. Die Risikoparameter können
für das gewählte Beispiel wie folgt gewählt werden:

- *Bestimmung der Auswirkung des Vorfalls C (Consequence)* mit den Merkmalsaus-
  prägungen von geringen Verletzungen (C1), schweren irreversiblen Verletzungen einer
  oder mehrerer Personen oder dem Tod einer Person (C2), dem Tod mehrerer Personen
  (C3) oder dem Tod sehr vieler Personen (C4). Im gewählten Beispiel muss bei einer
  Entgleisung oder einem Zusammenstoß von Zügen mit maximal mehreren Toten ge-
  rechnet werden. Deshalb wird für den Risikoparameter C für das gewählte Beispiel die
  Ausprägung C3 gewählt.
- *Bestimmung der Häufigkeit und Zeit des Aufenthalts im Gefahrenbereich F (Frequency)*
  mit den Merkmalsausprägungen eines seltenen bis öfteren Aufenthalt im gefährlichen
  Bereich (F1), oder einem häufigen bis dauernden Aufenthalt im gefährlichen Bereich
  (F2). In dem gewählten Beispiel ist von einem dauerhaften Fahrgastaufenthalt in den
  Zügen auszugehen. Deshalb wird für den Risikoparameter F die Ausprägung F2
  gewählt.
- *Bestimmung der Möglichkeit, den gefährlichen Vorfall zu vermeiden P (Probability)*
  mit den Ausprägungen der Möglichkeit unter bestimmten Bedingungen (P1) oder der
  Unmöglichkeit zur Vermeidung eines gefährlichen Vorfalls (P2). Im gewählten Beispiel
  besteht keine Möglichkeit zur Vermeidung eines gefährlichen Vorfalls. Deshalb wird
  für den Parameter P die Ausprägung P2 gewählt.
- *Bestimmung der Wahrscheinlichkeit des unerwünschten Ereignisses W* mit den Merkma-
  len einer sehr geringen Wahrscheinlichkeit unerwünschter Ereignisse und nur wenigen
  unerwünschten Ereignissen (W1), einer geringen Wahrscheinlichkeit unerwünschter Ereignisse und nur wenigen unerwünschten Ereignissen (W2) oder einer relativ hohen
  Wahrscheinlichkeit, dass unerwünschte Ereignisse auftreten und häufige unerwünschte
  Ereignisse sind wahrscheinlich (W3). Im gewählten Beispiel ist mit einem unmittelbaren
  Eintritt der Gefährdung bei einer Geschwindigkeitsüberschreitung des Fahrzeugs zu
  rechnen. Aus diesem Grund wird für den Risikoparameter W die Ausprägung W3 gewählt.

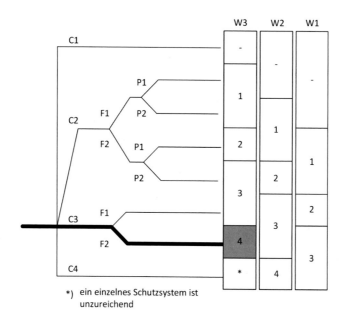

*) ein einzelnes Schutzsystem ist
   unzureichend

Abb. 6.1 Bestimmung des Sicherheitsintegritätslevels (SIL) nach VDV-Schrift 331

Abb. 6.1 zeigt, wie die Auswahl der einzelnen Risikoparameter im Risikograph zu einer nachvollziehbaren Ableitung eines Sicherheitsintegritätslevels für die betrachtete Funktion führt (VDV 2008). Demnach ist die betrachtete Funktion mit einem Sicherheitsintegritätslevel SIL 4 auszulegen.

Ermittlung der Sicherheitsintegritätsanforderung mittels Risikomatrix
Ein weiterer semi-quantitativer Ansatz der Risikoanalyse ist die Risikomatrix nach DIN EN 50126-1. Hierfür müssen die beiden Risikokomponenten der Wahrscheinlichkeit oder der Häufigkeit des Auftretens von Ereignissen sowie des Schweregrads des etwaigen Schadens für mögliche betrieblicher Gefährdungen anhand qualitativer Kriterien ermittelt werden. In einem deutschen CBTC-Projekt wurden die qualitativen Kategorien für die Gefährdungsrate λ (gefährliche Ereignisse pro Stunde) wie folgt definiert:

- *häufig:* Das Ereignis wird häufig stattfinden (tolerierbare funktionale Ausfallrate $\lambda > 10^{-5}/h$; ; anzuwenden ist Sicherheitsintegritätslevel SIL 0)
- *wahrscheinlich:* Das Ereignis wird voraussichtlich oft auftreten (tolerierbare funktionale Ausfallrate $10^{-6}/h < \lambda \leq 10^{-5}/h$; anzuwenden ist Sicherheitsintegritätslevel SIL 1)
- *gelegentlich:* Das Ereignis wird voraussichtlich mehrere Male auftreten (tolerierbare funktionale Ausfallrate $10^{-7}/h < \lambda \leq 10^{-6}/h$; anzuwenden ist Sicherheitsintegritätslevel SIL 2)
- *selten:* Es kann davon ausgegangen werden, dass das Ereignis auftreten wird (tolerierbare funktionale Ausfallrate $10^{-8}/h < \lambda \leq 10^{-7}/h$; ; anzuwenden ist Sicherheitsintegritätslevel SIL 3)

- *unwahrscheinlich:* Es kann angenommen werden, dass das Ereignis ausnahmsweise auftreten kann (tolerierbare funktionale Ausfallrate $10^{-9}/h < \lambda \leq 10^{-8}/h$; anzuwenden ist Sicherheitsintegritätslevel SIL 4)
- *sehr unwahrscheinlich:* Es kann angenommen werden, dass das Ereignis nicht auftritt (tolerierbare funktionale Ausfallrate $\lambda \leq 10^{-9}/h$; anzuwenden ist Sicherheitsintegritätslevel SIL 4)

Im gleichen Projekt wurden – geringfügig von der DIN EN 50126-1 abweichend – die folgenden qualitativen Kategorien für das Schadensausmaß verwendet:

- *katastrophal:* Unfalltote und/oder zahlreiche Schwerverletzte (und/oder schwere Umweltschäden)
- *kritisch:* einzelner Unfalltoter und/oder Schwerverletzter (und/oder nennenswerte Unfallschäden)
- *marginal:* kleine Verletzung (und/oder nennenswerte Bedrohung der Umwelt)
- *unbedeutend:* mögliche geringfügige Verletzung

Die Kategorien des Schadensausmaßes und der Schadensschwere können in einer Matrix miteinander verschränkt werden. Die Kategorien für den Schweregrad sind hierbei in der horizontalen Achse dargestellt. Die Kategorien für die Häufigkeit einer Gefährdung sind in der vertikalen Achse dargestellt. Jedes der Felder der Matrix entspricht einem Risiko als Kombination von Häufigkeit und Schadensschwere. Jedem dieser Risiken kann nun eine Risikoakzeptanzkategorie zugeordnet werden. In dem zuvor geschilderten Projekt wurden nach DIN EN 50126-1 die Risikoakzeptanzkategorien wie folgt gewählt:

- *untragbar:* Das Risiko muss eliminiert werden (rote Farbcodierung in der Risikobewertungsmatrix)
- *unerwünscht:* Das Risiko darf nur akzeptiert werden, wenn eine Minderung nicht durchführbar ist und die Zustimmung des Betreibers oder der Technischen Aufsichtsbehörde vorliegt (orangefarbene Farbcodierung in der Risikobewertungsmatrix).
- *tolerierbar:* Das Risiko kann unter der Voraussetzung angemessener Maßnahmen (z. B. Instandhaltungsverfahren und -regeln und mit Zustimmung des Betreibers) toleriert und akzeptiert werden (gelbfarbene Farbcodierung in der Risikobewertungsmatrix).
- *vernachlässigbar:* Das Risiko ist ohne Zustimmung des Betreibers akzeptabel (grüne Farbcodierung in der Risikobewertungsmatrix).

Die Anwendung der Risikomatrix soll auch hier mit der Funktion der Überwachung der vorgegebenen Grenzgeschwindigkeit verdeutlicht werden. Im Fehlerfall dieser Schutzfunktion überschreitet der Zug die zulässige Geschwindigkeit und das Fahrzeuggerät gibt in diesem Fall fehlerhaft keinen Zwangsbremsbefehl aus. Die Anwendung der Risikomatrix soll die Frage beantworten, mit welcher Sicherheitsintegrität diese Funktion bereitgestellt werden muss.

Die Durchführung der Risikoanalyse beginnt mit einer Bewertung des *initialen Risikos* (vor risikoreduzierenden Maßnahmen). Hierbei wird die Häufigkeit des Überschreitens des Geschwindigkeitsgrenzwertes als „gelegentlich" angenommen. Das Schadensausmaß wird hierbei jedoch als „katastrophal" angenommen, weil mit tödlich verunglückten Fahrgästen gerechnet werden muss. Die Verknüpfung von Häufigkeit und Schadensschwere führt in der Risikobewertungsmatrix zu einem als „untragbar" bewerteten Risiko. Das Ergebnis der initialen Risikobewertung ist in Abb. 6.2 als dunkelgrau hinterlegter Kreis vermerkt. Für dieses Risiko ist eine Reduktion zwingend erforderlich.

Das Risiko kann reduziert werden, wenn beispielsweise die Häufigkeit des gefährlichen Ereignisses reduziert wird. Dies gelingt beispielsweise, wenn die Funktion mit einer höheren Sicherheitsintegritätsstufe entwickelt wird. Die Annahme ist hierbei, dass bei einem höheren Sicherheitsintegritätslevel durch umfangreichere Maßnahmen im Entwurf und der Implementierung der Schutzfunktion zum einen zufällige Fehler im Betrieb sicher beherrscht und zum anderen gefährliche Systemzustände durch mögliche systematische Fehler vermieden werden können. Es stellt sich also die Frage, wie weit die Häufigkeit reduziert werden muss, um das *Restrisiko* (englisch: residual risk) in den Bereich eines mindestens „tolerierbaren" Risikos zu bringen. In diesem Fall wäre das Restrisiko mit Einschränkungen (bspw. Umsetzung angemessener Maßnahmen und Zustimmung des Betreibers, siehe oben) akzeptabel. Mit Blick auf die Risikobewertungsmatrix darf die Häufigkeit für ein tolerierbares Risiko bei gleichzeitig katastrophalem Schadensausmaß nur „sehr unwahrscheinlich" sein. Die tolerierbare Gefährdungsrate in diesem Fall liegt gemäß Risikobewertungsmatrix bei $\lambda \leq 10^{-9}$/h. Dies entspricht einer Sicherheitsintegritätsstufe SIL4. Das Ergebnis der Bewertung des Restrisikos ist in Abb. 6.2) als hellgrau hinterlegter Kreis dargestellt. Der Pfeil zwischen dem dunkelgrauen und dem hellgrauen Kreis symbolisiert die Erreichte Risikoreduktion. Es sind also gemäß DIN EN 50129 umfangreiche Maßnahmen zur Vermeidung systematischer Fehler, bzw. zur sicheren Beherrschung zufälliger Fehler im Betrieb umzusetzen.

Risikobewertungsmatrix nach DIN EN 50126-1				
Häufigkeit eines Gefahrenfalls	Gefahrenstufen			
	unbedeutend	marginal	kritisch	katastrophal
häufig	unerwünscht	untragbar	untragbar	untragbar
wahrscheinlich	tolerabel	unerwünscht	untragbar	untragbar
gelegentlich	tolerabel	unerwünscht	unerwünscht	untragbar
selten	vernachlässigbar	tolerabel	unerwünscht	unerwünscht
unwahrscheinlich	vernachlässigbar	vernachlässigbar	tolerabel	unerwünscht
sehr unwahrscheinlich	vernachlässigbar	vernachlässigbar	vernachlässigbar	tolerabel

Abb. 6.2 Bestimmung des erforderlichen Sicherheitsintegritätslevels (SIL) nach DIN EN 50126-1 ((neue Abbildung))

6.1.2 Angriffssicherheit (Security)

Städtische Schienenverkehrssysteme sind kritische Verkehrsinfrastrukturen (vgl. BSI-KritisV 2016). Ihr Funktionieren ist für die Wirtschaft und unser gesellschaftliches Zusammenleben essenziell. Schutzziele bezeichnen hier den Zustand von Verkehrssystemen, der bei einem unberechtigten Zugriff Dritter erhalten bleiben soll. Insgesamt werden vier verschiedene Schutzziele unterschieden: die Verfügbarkeit, die Integrität, die Authentizität sowie die Vertraulichkeit. Die effektive Erreichung der zuvor genannten Schutzziele in kritischen Verkehrsinfrastrukturen erfordert das aufeinander abgestimmte Zusammenwirken von technischen, organisatorischen, und physischen Schutzmaßnahmen. Ein solch umfassendes Schutzkonzept wird auch als „tiefgestaffelte Verteidigung" (englisch: Security in depth) bezeichnet (Schnieder 2020). Dieser Konzeption liegt die Vorstellung zu Grunde, dass eine einzelne Schutzmaßnahme allein keinen ausreichenden Schutz gegen unberechtigten Zugriff Dritter bietet. Die wirksame Anordnung mehrerer voneinander unabhängiger Barrieren vermag jedoch die Wahrscheinlichkeit eines erfolgreichen Zugriffs von außen deutlich zu reduzieren. Die verschiedenen Kategorien der Schutzmaßnahmen werden nachfolgend vorgestellt.

- *Technische Schutzmaßnahmen:* Eine zentrale Komponente von CBTC-Systemen ist das Datenübertragungssystem, welches eine sichere, zeitgerechte und zugriffsgeschützte Übertragung von Informationen zwischen Fahrzeug – und Streckeneinrichtungen ermöglichen muss. Hierbei ist vor allem auch ein unberechtigter Zugriff oder eine Manipulation der Daten zu verhindern. Daher werden CBTC-Systeme durch eine Security-Architektur gegen unberechtigte Zugriffe Dritter geschützt (zum Beispiel durch Firewalls). Die Auswahl technischer Schutzmaßnahmen gegen einen unberechtigten Zugriff Dritter erfolgt auf der Grundlage internationaler Standards (vgl. IEC 62443-3:2015). Beispiele von technischen Maßnahmen sind eine Verschlüsselung und Authentifizierung über Internet Protocol Security (IPsec) unter Verwendung von kryptografischen Hash-Funktionen (beispielsweise HMAC-SHA-256) sowie zusätzliche technische Maßnahmen wie ein zyklischer Schlüsselaustausch zum Einsatz.
- *Organisatorische Schutzmaßnahmen:* Für einen umfassenden Schutz der für die Verkehrssteuerung erforderlichen informationstechnischen Systeme ist die Einrichtung eines umfassenden Informationssicherheitsmanagementsystems (ISMS) durch das Verkehrsunternehmen ratsam (Schnieder und Magerkurth 2018a). Vorgaben an ein solches Managementsystem ergeben sich unter anderem aus dem internationalen Standard DIN EN ISO 27001. Hierbei werden, einem risikoorientierten Ansatz folgend, bestehende Angriffspunkte für unberechtigte Zugriffe von außen identifiziert und geschlossen. Darüber hinaus werden organisatorische Vorkehrungen getroffen im Sinne verbindlich definierter Prozesse, Rollen und Verantwortlichkeiten, um unberechtigte Zugriffe zu offenbaren und durch eine prompte Reaktion (Schnieder und Magerkurth 2018b) zügig zu schließen.

- *Maßnahmen des physischen Zugriffsschutzes:* Gewisse Bedrohungen setzen einen direkten (physischen) Zugriff auf die informationstechnischen Systeme des Betreibers voraus. Ein möglicher Angreifer muss für einen erfolgreichen Zugriff auf konkrete Assets in mehrere Schutzzonen eindringen. Durch die Anordnung von Alarmsystemen, Zutrittskontrollsystemen sowie der Auswahl von Schließsystemen wirksamer Widerstandsklassen wird ein unberechtigter Zugriff wesentlich erschwert.

6.2 Verfügbarkeit (Availability)

Die Verfügbarkeit automatisierter Zugbeeinflussungssysteme ist für ihren sicheren Betrieb essenziell. *Verfügbarkeit* bezeichnet „die Fähigkeit eines Produkts, in einem Zustand zu sein, in dem es unter vorgegebenen Bedingungen zu einem vorgegebenen Zeitpunkt oder während einer vorgegebenen Zeitspanne eine geforderte Funktion erfüllen kann unter der Voraussetzung, dass die geforderten äußeren Hilfsmittel bereitstehen." (DIN EN 50126-1: 2018). Eine Maximierung der Verfügbarkeit lässt sich herunterbrechen auf mehrere Teilaspekte:

- *Minimierung der mittleren Ausfallzeit:* Dieses Ziel wird durch die Verbesserung der Instandhaltbarkeit (Maintainability) erreicht. Dies ist in Abschn. 6.2.1 beschrieben.
- *Maximierung der mittleren Klarzeit:* Dieses Ziel wird durch die Erhöhung der Zuverlässigkeit (Reliability) erreicht. Dies ist in Abschn. 6.2.2 beschrieben.
- *Fehlertoleranz:* Gestaltung der technischen Systeme, dass diese trotz Beeinträchtigung einzelner Komponenten ihre Funktion dennoch erfüllen. Dies ist in Abschn. 6.2.3 beschrieben.

6.2.1 Optimierung der Instandhaltbarkeit (Maintainability) zur Steigerung der Verfügbarkeit

Die *Minimierung der mittleren Ausfallzeit* (englisch: mean down time, MDT) ist ein weiterer Ansatzpunkt zur Steigerung der Verfügbarkeit des städtischen Schienenverkehrssystems (vgl. Abb. 6.3). Zu diesem Zweck werden die Zugsicherungsanlagen entsprechend

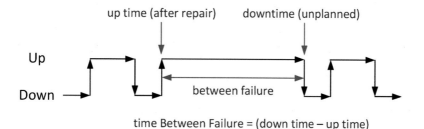

Abb. 6.3 Zusammenhang der Kenngrößen der Verfügbarkeit

instandhaltbar gestaltet. Hierbei bezeichnet *Instandhaltbarkeit* (Maintainability) „die Wahrscheinlichkeit, dass für eine Komponente unter gegebenen Einsatzbedingungen eine bestimmte Instandhaltungsmaßnahme innerhalb einer festgelegten Zeitspanne ausgeführt werden kann". Hierbei wird zwischen einer präventiven und einer korrektiven Instandhaltung unterschieden. *Präventive Instandhaltung* bezeichnet hierbei die Instandhaltung in vorgegebenen Zeitabständen oder nach vorgegebenen Kriterien, die zur Verringerung der Ausfallwahrscheinlichkeit oder der Vermeidung der Verschlechterung der Funktion einer Einheit vorgesehen ist (DIN EN 50126-1:2018). Demgegenüber handelt sich bei der *korrektiven Instandhaltung* um die nach Erkennung des Fehlzustands durchgeführte Instandhaltung, die das Produkt wieder in einen Zustand versetzt, in dem es eine geforderte Funktion erfüllen kann (DIN EN 50126-1:2018). Bezüglich der korrektiven Instandhaltungsaktivitäten können verschiedene Ebenen unterschieden werden:

- *Erste Instandhaltungsebene:* Auf dieser Ebene erfolgt die Lokalisierung und der Austausch einer fehlerhaften kleinsten tauschbaren Einheit (line replaceable unit, LRU). Dies schließt Test- und Nachweisaktivitäten mit ein. Die defekte kleinste tauschbare Einheit wird der zweiten Instandhaltungsebene übergeben. Aktivitäten der ersten Instandhaltungsebene werden an der Strecke oder direkt auf dem Fahrzeug in der Werkstatt durchgeführt. Für diese Tätigkeiten werden Werkzeuge wie Messinstrumente und Laptops benötigt (Guizard 2006).
- *Zweite Instandhaltungsebene:* Diese Instandhaltungsebene identifiziert den Fehler und ersetzt das fehlerhafte Bauteil in der kleinsten tauschbaren Einheit (beispielsweise eine fehlerhafte Baugruppe in einem Baugruppenträger). Es erfolgt ein abschließender Funktionstest. Die fehlerhafte Komponente wird der dritten Instandhaltungsebene übergeben, wohingegen die funktionsfähige kleinste tauschbare Einheit der ersten Instandhaltungsebene übergeben wird. Aktivitäten der zweiten Instandhaltungsebene erfolgen in der Werkstatt, da spezielle Werkzeuge für die Wiederherstellung der Funktionsfähigkeit erforderlich sind (Guizard 2006).
- *Dritte Instandhaltungsebene:* Diese Instandhaltungsaktivitäten erfolgen beim Hersteller. Hier werden fehlerhafte Bauteile identifiziert und getauscht. Es erfolgt ein Funktionstest. Die reparierte Baugruppe wird der zweiten Instandhaltungsebene bereitgestellt. Diese Instandhaltungsebene erfordert spezielle Prüfadapter, die nur beim Hersteller zur Verfügung stehen (Guizard 2006).

Die Instandhaltbarkeit kann durch die folgenden Aspekte positiv beeinflusst werden, um in der Praxis möglichst kurze Zeiten zur Wiederherstellung der Betriebsfähigkeit des städtischen Schienenverkehrssystems nach Störungen zu erreichen:

- *Diagnosesysteme:* Jede technische Komponente sowohl der streckenseitigen als auch der fahrzeugseitigen Einrichtungen werden kontinuierlich auf ihre Funktionsfähigkeit überwacht. Da die Fahrzeuge durch den Streckenatlas und die fahrzeugautarke Ortung über weitreichende Informationen verfügen, können sie von ihnen erkannte Ausfälle oder Abweichungen in der Infrastruktur an die Leitstelle melden. Beispiele hierfür sind erkannte defekte Transponder entlang der Strecke oder erkannte zu geringe Feldstärken der streckenseitigen Access Points des Datenübertragungssystems. Ist eine Komponente ausgefallen, wird dies offenbart und eine Störmeldung in der Leitstelle angezeigt. Auf Basis der lokalisierten Fehler können voraussichtlich erforderliche Ersatzteile bestimmt werden und je nach Dringlichkeit der Fehlerbehebung Maßnahmen zur Entstörung (beispielsweise Abarbeitung von Wartungsaufträgen am Tag oder in der Nachtsperrpause) disponiert werden.

- *Tauschkomponenten:* Die Hersteller geben für jede eingesetzte Komponente eine Mean Time Between Failures (kurz MTBF) an. Dies ist die englische Bezeichnung für die mittlere Betriebsdauer zwischen Ausfällen für reparierbare Einheiten. Unter „Betriebsdauer" versteht man die Betriebszeit zwischen zwei aufeinanderfolgenden Ausfällen einer instandsetzbaren Einheit. Zusammen mit dem Mengengerüst der gesamten Anlage und den logistischen Verzugsdauern (Lieferfristen der Hersteller) kann der erforderliche Ersatzteilbedarf abgeschätzt werden, so dass der Hersteller für einen ausreichenden Ersatzteilvorrat sorgen kann.

- *Ausgebildetes Personal:* Für die Instandhaltung ist qualifiziertes Personal erforderlich. Die Einführung hochautomatisierter Zugbeeinflussungssysteme erfordert für die Verkehrsunternehmen eine Anpassung ihrer Organisation. Dies liegt in zwei Effekten begründet. Zum einen verlagern sich die Instandhaltungsaktivitäten durch die deutlich reduzierten Außenanlagenkomponenten und die aufwändigere Instandhaltung der Fahrzeugeinrichtungen in den Betriebshof. Zum anderen verändern sich insbesondere für die Instandhaltung der Infrastruktur die durchzuführenden Instandhaltungsaktivitäten deutlich, da nun – in deutlichem Gegensatz zu traditionellen signaltechnischen Systemen – fast ausschließlich Netzwerkkomponenten instandzuhalten sind (Rüffer et al. 2019). Insbesondere bei fahrerlosem Betrieb ist für die Beurteilung von Zeiten zur Entstörung und zur Wiederherstellung des Regelbetriebs auch die Frage relevant, wo sich Betriebspersonal aufhält, welches auf die Fahrzeuge im Störungsfall bedienen kann. Beim unbegleiteten fahrerlosen Betrieb (UTO) sind - sofern keine Möglichkeit zur situativen Fernsteuerung des Fahrzeugs aus der Leitstelle heraus gegeben ist - möglicherweise erhebliche Verzugszeiten durch erforderliche Fußwege des Betriebspersonals zum gestörten Fahrzeug zu berücksichtigen.

- *Remote Software Update:* Gerade bei einer großen Fahrzeugflotte stellen sich Softwareupdates als außerordentlich aufwändig heraus. Die Hersteller von CBTC-Systemen bieten daher Lösungen zum sicheren Fernladen von Fahrzeugeinrichtungen über drahtlose Kommunikationssysteme an. Dies spart Zeit und Ressourcen in der Instandhaltung.

6.2.2 Erhöhung der Zuverlässigkeit (Reliability) zur Steigerung der Verfügbarkeit

Die Maximierung der mittleren Klarzeit (engl.: mean up time, MUT) ist ein Ansatzpunkt zur Steigerung der Verfügbarkeit des städtischen Schienenverkehrssystems (vgl. Abb. 6.2). Zu diesem Zweck werden die Fahrzeug- und Streckeneinrichtungen entsprechend zuverlässig gestaltet. Zuverlässigkeit bezeichnet hierbei die „Wahrscheinlichkeit dafür, dass eine Einheit ihre geforderte Funktion unter gegebenen Bedingungen für eine gegebene Zeitspanne" […] erfüllen kann. Durch die folgenden Maßnahmen in der Gestaltung elektronischer Systeme kann auf die Zuverlässigkeit Einfluss genommen werden:

- *Einsatz betriebsbewährter Komponenten* Eine Komponente gilt als betriebsbewährt, wenn eine entsprechend dokumentierte Untersuchung ergeben hat, dass Nachweise aus früheren Einsätzen belegen, dass die Komponente für den Einsatz in einem sicherheitstechnischen System geeignet ist. Hierbei werden hohe Anforderungen an die Dokumentation von Felderfahrungen gestellt. So muss beispielsweise die Spezifikation unverändert sein und es dürfen keine oder nur unbedeutende Fehler aufgetreten sein. Außerdem müssen die Beobachtungen auf einer ausreichenden Anzahl an Betriebsstunden beruhen.
- *Einsatz qualifizierter Komponenten:* dieser Ansatz ist insbesondere in der Automobilindustrie ausgeprägt. Die Qualifizierung elektronischer Komponenten kann Branchenstandards folgen. Um eine Qualifizierung gemäß dieser Standards zu erhalten, muss eine Komponente einen strengen Prozess mit unterschiedlichen Prüfungen bestehen (bspw. Klimatests).
- *Derating*: Üblicherweise besteht eine Reserve zwischen den Konstruktionsgrenzen eines Bauteils und den im Betrieb auftretenden Belastungen. Somit ist ein Bauteil oder System, dass unterhalb seiner Auslegungsgrenze betrieben wird, zuverlässiger als ein Bauteil, das an oder oberhalb seiner Auslegungsgrenze betrieben wird. Durch Derating kann also die Zuverlässigkeit erhöht, bzw. die Lebensdauer einer Komponente gesteigert werden
- *Fehlererkennung und Fehlerkorrektur:* Bei der Speicherung, Verarbeitung und Übertragung von Daten können Fehler auftreten. Fehler entstehen hierbei durch das Ändern, Löschen oder Hinzufügen von Bits. Beim Behandeln von Fehler gibt es zwei Möglichkeiten. Die Fehlererkennung zeigt an, dass ein Fehler aufgetreten ist. Bei der Fehlerkorrektur wird der Fehler nicht nur erkannt, sondern auch gleich behoben.

6.2.3   Fehlertolerante Systeme zur Steigerung der Verfügbarkeit

Technische Systeme, die trotz Beeinträchtigung einzelner Komponenten ihre Funktion weiterhin erfüllen, werden als fehlertolerant bezeichnet. Redundanz bezeichnet hierbei das Vorhandensein von mehr als für die sichere Ausführung der vorgesehenen Aufgabe notwendigen Mittel. Die Anwendung von Redundanz führt dazu, dass eine Betrachtungseinheit ihre vorgesehene Aufgabe auch ei einer begrenzten Anzahl von Ausfällen auch weiterhin ausführen kann. Betrachtungseinheiten, für die diese Eigenschaften zutreffen, heißen fehlertolerant. In Bezug auf die Umsetzung der Fehlertoleranz können unterschiedliche Redundanzkonzepte unterschieden werden:

- *Funktionsbeteiligte Redundanz (heiße Redundanz, englisch: active redundancy):* Während des fehlerfreien Betriebs sind alle mehrfach vorhandenen Systemkomponenten an der Funktionserfüllung beteiligt. Im Fehlerfall übernehmen die intakten Komponenten die Aufgabe der defekten Komponente unverzüglich.

- *Nicht funktionsbeteiligte Redundanz (Standbyredundanz, englisch passive redundancy):* Redundanz, bei der die zusätzlichen Mittel eingeschaltet sind, aber erst bei Störung oder Ausfall an der Ausführung der vorgesehenen Aufgabe beteiligt sind.
- *Kalte Redundanz (englisch: cold redundancy):* Redundanz, bei der die zusätzlichen Mittel zur Ausführung der vorgesehenen Aufgabe erst bei Störung oder Ausfall eingeschaltet werden.

Beispielhafte Ansätze der Gestaltung fehlertoleranter Systeme sind nachfolgend in Bezug auf die einzelnen Systemkomponenten von CBTC-Systemen aufgeführt:

- Die *Fahrzeugeinrichtungen* verfügen über eine so genannte „Head-Tail-Redundanz". Das bedeutet, dass es in jedem Zug zwei sichere Rechner gibt (jeweils einen an jedem Ende des Zuges). Im Normalbetrieb ist eine Fahrzeugeinrichtung aktiv und die Fahrzeugeinrichtung am anderen Fahrzeugende ist passiv. Die passive Fahrzeugeinrichtung hat keine Kontrolle über den Zug, verfügt aber in seinen Streckenatlas über ein aktuelles Prozessabbild. Die aktive Fahrzeugeinrichtung ist nicht notwendigerweise diejenige am vorderen Ende des Zuges. Um die Ausfallsicherheit zu verbessern, ist das System mit einer automatischen, nahtlosen Umschaltung zwischen den beiden Fahrzeugeinrichtungen an Bord ausgestattet.
- Die zentralen *Streckeneinrichtungen* sind ebenfalls mehrkanalig ausgelegt. Hier kommen für die sicheren Rechne r der CBTC-Streckenzentrale beispielsweise 2-von-3 Rechnersysteme zum Einsatz. Für den Fall, dass ein Rechnerkanal ausfällt, sind nach wie vor zwei Rechnerkanäle für die Bearbeitung der sicherheitstechnischen Funktionen im Betrieb. Bei CBTC-Systemen wirkt sich außerdem positiv aus, dass weniger technische Komponenten im Gleis verbaut sind, da weitestgehend – wenn nicht gar vollständig – auf eine sekundäre Gleisfreimeldung und ortsfeste Signale verzichtet werden kann.
- Das *Datenkommunikationssystem* ist über zwei redundante Glasfaserkabel mit möglichst abweichender Leitungsführung an die CBTC-Streckeneinrichtung angebunden. Für den Fall, dass ein Glasfaserkabel durchtrennt ist, ist noch eine zweite Datenverbindung vorhanden, so dass der Betrieb aufrechterhalten werden kann. Darüber hinaus verfügen die Access Points jeweils über mehrere Antennen und sind in ausreichend kurzen Abschnitten entlang der Strecke installiert, dass ein Zug zu jeder Zeit mehrere Access Points erreichen kann.
- Auch in der *Betriebsleittechnik* (Automatic Train Supervision, ATS) dient Redundanz der Steigerung der Verfügbarkeit des Systems. Bei der Redundanz wird zwischen „cold standby" und „hot standby" unterschieden. Die Arbeitsplatzrechner arbeiten im „cold standby". Dafür gibt es in der Leitstelle mehr Arbeitsplatzrechner als Bediener. Wenn ein Arbeitsplatzrechner ausfällt, wechselt der Bediener den Arbeitsplatz und loggt sich dort wieder ein. Die Server hingegen arbeiten im „hot standby". Dabei verarbeitet der passive Server alle ankommenden Daten von den Schnittstellen. Der passive Server unterscheidet sich dadurch vom aktiven, dass er keine Ausgaben durchführt. Der aktive

und der passive Server überwachen sich gegenseitig. Es erfolgt eine automatische Übernahme der Funktion des aktiven Servers durch den passiven Server, nachdem der passive Server den Ausfall des aktiven Servers erkannt hat. Es erfolgt eine Aktualisierung des passiven Servers durch den aktiven nach Wiederanlaufen des passiven Servers. Fällt der passive Server aus, erfolgt eine Information an den Fahrdienstleiter oder den Wartungstechniker (Mücke 2005). Um auch gegen den Fall des kompletten Ausfalls der Leitstelle gewappnet zu sein können teilweise im Netz verteilte örtliche Bedienplätze vorgesehen werden oder aber eine vollständig ausgerüstete zweite Leitstelle an einem anderen Ort.

- *Unterbrechungsfreie Stromversorgung* (USV, bzw. englisch: Uninterruptible Power Supply, UPS): Diese Systeme dienen der Sicherstellung der Stromversorgung kritischer elektrischer Geräte bei Störungen im Stromnetz, wie beispielsweise kurzfristigen Stromausfällen und Stromschwankungen in Form von Über- oder Unterspannungen. Dies betrifft insbesondere die zentralen Streckeneinrichtungen sowie die Betriebsleittechnik.

Als Käufer*in dieses Buches können Sie kostenlos unsere Flashcard-App „SN Flashcards" mit Fragen zur Wissensüberprüfung und zum Lernen von Buchinhalten nutzen.

1. Gehen Sie bitte auf https://flashcards.springernature.com/login und
2. erstellen Sie ein Benutzerkonto, indem Sie Ihre Mailadresse angeben und ein Passwort vergeben.
3. Verwenden Sie den folgenden Link, um Zugang zu Ihrem SN Flashcards Set zu erhalten: https://go.sn.pub/1axIDX

Sollte der Link fehlen oder nicht funktionieren, senden Sie uns bitte eine E-Mail mit dem Betreff „SN Flashcards" und dem Buchtitel an customerservice@springer-nature.com

Literatur

Braband J (2005) Risikoanalysen in der Eisenbahn-Automatisierung. Eurailpress, Hamburg
DIN EN 50126-1:2018-10. Bahnanwendungen – Spezifikation und Nachweis von Zuverlässigkeit, Verfügbarkeit, Instandhaltbarkeit und Sicherheit (RAMS) – Teil 1: Generischer RAMS-Prozess; Deutsche Fassung EN 50126-1:2017 (DIN EN 50126-1 2018)
DIN EN 50129:2019-06. Bahnanwendungen – Telekommunikationstechnik, Signaltechnik und Datenverarbeitungssysteme – Sicherheitsrelevante elektronische Systeme für Signaltechnik; Deutsche Fassung EN 50129:2018

DIN EN 50159:2011-04. Bahnanwendungen – Telekommunikationstechnik, Signaltechnik und Datenverarbeitungssysteme – Sicherheitsrelevante Kommunikation in Übertragungssystemen; Deutsche Fassung EN 50159:2010

(DIN EN 62267:2010) DIN EN 62267:2020-07: Automatischer städtischer schienengebundener Personennahverkehr (AUGT) – Sicherheitsanforderungen. Deutsche Fassung EN 62267:2009.

DIN IEC 62443-3-3:2015-06. Industrielle Kommunikationsnetze – IT-Sicherheit für Netze und Systeme – Teil 3-3: Systemanforderungen zur IT-Sicherheit und Security-Level (IEC 62443-3-3:2013 + Cor.:2014)

Guizard M (2006) Maintenance is a priority for communication based train control solutions. Signal + Draht 98(4):35–37

Mücke W (2005) Betriebsleittechnik im öffentlichen Verkehr. Eurailpress, Hamburg

Rüffer M, Schmidt C, Jung C, Schnieder L (2019) Innovation und Digitalisierung im Signal- und Zugsicherungsdienst. Nahverkehr 37(7+8):46–50

Schnieder L (2020) Security Engineering – Ein ganzheitlicher Ansatz zum Schutz Kritischer Infrastrukturen im Verkehr, 2. Aufl. Springer, Berlin

Schnieder L, Magerkurth G (2018a) Notfallmanagementpläne für Schienenverkehrssysteme als Bestandteil eines Informationssicherheitsmanagementsystems (ISMS). Eisenbahntech Rundsch 67(11):47–50

Schnieder L, Magerkurth G (2018b) Schutz kritischer Infrastrukturen im ÖPNV – Aufbau eines zertifizierungsfähigen Informationssicherheitsmanagementsystems (ISMS). Nahverkehr 36(11):39–43

Schnieder E, Schnieder L (2013) Verkehrssicherheit: Maße und Modelle, Methoden und Maßnahmen für den Straßen- und Schienenverkehr. Springer, Berlin

(VDV 2005) Verband Deutscher Verkehrsunternehmen (VDV): *VDV-Schrift 161-1: Sicherheitstechnische Anforderungen an die elektrische Ausrüstung von Stadt- und U-Bahn-Fahrzeugen; Teil 1: Grundlagen*. VDV (Köln) 4/2005.

(VDV 2009) Verband Deutscher Verkehrsunternehmen (VDV): *VDV-Schrift 161-2: Sicherheitstechnische Anforderungen an die elektrische Ausrüstung von Stadt- und U-Bahn-Fahrzeugen; Teil 2: Sicherheitsintegritätsanforderungen an fahrzeugbezogene elektrische/elektronische/ programmierbare elektronische Schutzfunktionen (E/E/PE)*. VDV (Köln) 10/2009.

Verband Deutscher Verkehrsunternehmen: Sicherheitsintegritätsanforderungen für Signal- und Zugsicherungsanlagen gemäß BOStrab. VDV-Schrift 331. 2008

Verordnung zur Bestimmung Kritischer Infrastrukturen nach dem BSI-Gesetz (BSI-Kritisverordnung – BSI-KritisV) (22. April 2016) (BGBl. I S. 958). Zuletzt geändert durch Art. 1 V. v. 21.06.2017 (BGBl. I S. 1903)

Abwägung von Kosten und Nutzen automatischer Zugbeeinflussungssysteme

7

Kosten-Nutzen-Analysen werden in zahlreichen Bereichen der öffentlichen Daseinsvorsorge zur Entscheidungsunterstützung eingesetzt. So verpflichtet in Deutschland etwa § 7 Bundeshaushaltsordnung die öffentlichen Körperschaften dazu, vor einer Ausgabe eine Wirtschaftlichkeitsuntersuchung durchzuführen (vgl. hierzu Arnold 2017; Kossak 2018). Kosten-Nutzen-Analysen sind eine solche Form der Wirtschaftlichkeitsuntersuchung. Dieser Abschnitt stellt dar, welche Betrachtungen bei der Einführung automatischer Zugbeeinflussungssysteme auf der Kostenseite durchgeführt werden (Abschn. 7.1). Des Weiteren stellt dieser Abschnitt dar, wie der Nutzen von Verkehrsinfrastrukturprojekten ermittelt wird (Abschn. 7.2). Überwiegt der Nutzen die Kosten, qualifiziert dies eine Infrastrukturmaßnahme für eine Förderung aus öffentlichen Haushaltsmitteln.

7.1 Lebenszykluskostenrechnung

Investitionen in die Automatisierung von Stadtschnellbahnsystemen sind in der Regel mit einem hohen Investitionsvolumen verbunden (Capital Expenditure, CAPEX). Gleichzeitig weisen diese Investitionsgüter eine sehr lange Lebensdauer auf. Falsche Entscheidungen zu Beginn des Lebenszyklus können daher nur schwer und wenn dann nur mit erheblichem Aufwand korrigiert werden. Aus diesem Grund hat sich in den letzten Jahrzehnten in der öffentlichen Beschaffung das Konzept der Lebenszykluskosten (life cycle costs, LCC) durchgesetzt (DIN IEC 60300-3-3:1999). Demnach wird die über einen langfristigen Investitionszeitraum (beispielsweise 25 Jahre) insgesamt wirtschaftlichste Investitionsalternative beschafft. Hierbei können zum Beispiel geringere Instandhaltungsaufwände (Operational Expenditure, OPEX) in der Phase des Betriebs teilweise höhere initiale Beschaffungskosten kompensieren (Wolberg und Kiefer 2000).

© Springer-Verlag GmbH Deutschland, ein Teil von Springer Nature 2022
L. Schnieder, *Communications-Based Train Control (CBTC)*,
https://doi.org/10.1007/978-3-662-65285-5_7

7.1.1 Elemente der Lebenszykluskosten

Die Gesamtheit aller Kosten wird im so genannten „Kostenwürfel" (vgl. Abb. 7.1) dargestellt. Nachfolgend werden die drei Dimensionen des Kostenwürfels nach (DIN IEC 60300-3-3:1999) eingeführt. Die erste Seite des Würfels ist die technische Struktur des betrachteten Zugbeeinflussungssystems. Dies wird auch als Produktaufbruchstruktur bezeichnet. Die zweite Seite des Würfels sind die in der Analyse betrachteten Lebenszyklusphasen. Dies wird auch als Kostenaufbruchstruktur bezeichnet. Die dritte Seite des Würfels sind schließlich die in der Wirtschaftlichkeitsbetrachtung berücksichtigten Kostenarten.

Produktaufbruchstruktur (vertikale Achse des Kostenwürfels): Die vertikale Achse des „Kostenwürfels" (vgl. Abb. 7.1) ist die Produktaufbruchstruktur (englisch: Product-/ Work Breakdown Structure, kurz: PBS/WBS). Sie umfasst neben der technischen Struktur des betrachteten Systems auch unterstützende Dienstleistungen und Arbeitspakete. Hier wird der betrachtete Technikumfang aufgegliedert und definiert, was für Kosten anfallen. Die LCC-Analyse für die Leit- und Sicherungstechnik von Schienenverkehrsunternehmen kann sich hierbei an in der Literatur diskutieren Produktaufbruchstrukturen (Gutsche 2010) orientieren. Die Produktaufbruchstruktur besteht beim Fahren auf Zugsicherung aus den Elementen der Außenanlage (Gleisfreimeldeeinrichtungen wie Achszählsysteme oder Gleisstromkreise, beweglichen Fahrwegelemente wie Weichen und Gleissperren sowie ortsfeste Signale), der Innenanlage (je nach Art des Stellwerks Relaisgestelle oder Rechnerschränke mit den zugehörigen Kabelabschlussgestellen), der Leittechnik (Zuglenkrechner sowie Bedien- und Anzeigesysteme) und der Art der Zugbeeinflussung.

Kostenaufbruchstruktur, Lebenszyklusphasen (horizontale Achse des Kostenwürfels): Die horizontale Achse des „Kostenwürfels" in Abb. 7.1 heißt Kostenaufbruchstruktur (englisch: Cost Breakdown Structure, kurz CBS). Sie zeigt, in welcher Phase des Lebenszyklus die jeweiligen Kosten anfallen. Beispielsweise sind dies die drei Hauptphasen: Beschaffung, Betrieb (Instandhaltung) und Entsorgung. Der grundsätzliche Aufbau einer Kostenaufbruchstruktur für Bahnanwendungen ist in der Regel vor allem geprägt durch die Investitionskosten, die Kosten für den Betrieb (Betriebspersonal, Energie sowie Kosten für System-Unverfügbarkeit im Sinne von Verspätungen) und die Kosten für Wartung und Instandhaltung, welche sich aus Personalkosten für präventive und korrektive Wartung und Ersatzteilkosten zusammensetzt (Wolberg und Kiefer 2000).

Kostenarten: Die dritte Dimension, welche den Kostenwürfel entstehen lässt, stellen die Kostenarten (englisch: Cost Categories, kurz CC) dar. Die Kostenarten benennen die Bereiche, die Kosten verursachen und gliedern diese in kostenverursachende Elemente (englisch: Cost Elements, kurz CE) auf. Bei der Betrachtung eines kostenverursachenden Elements befindet man sich demzufolge auf der kleinsten Betrachtungsebene. Es können verschiedene Kostenarten unterschieden werden, wie beispielsweise Materialkosten, Personalkosten, Werkzeugkosten und Entsorgungskosten. Beispiele für Kostenelemente sind beispielsweise Kosten für Roh-, Hilfs- und Betriebsstoffe, Kosten für die Wartung

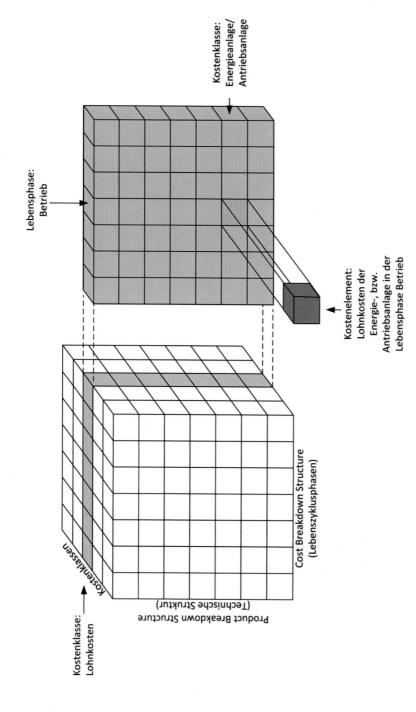

Abb. 7.1 Verschiedene Perspektiven auf die Lebenszykluskosten

eines Weichenantriebes oder Entsorgung eines Relais. Die Angaben für die Kostenarten stammen idealerweise aus einem bei dem Betreiber eingesetzten Softwaresystem (Hannusch 2015).

7.1.2   Ergebnisse der Analyse der Lebenszykluskosten

Über die lange Lebensdauer signaltechnischer Einrichtungen weisen automatische Zugbeeinflussungssysteme im Vergleich zu konventionellen Bahnsystemen erhebliche Vorteile auf. Diese werden nachfolgend skizziert:

- *Reduzierte Anzahl Außenanlagenelemente der Streckeneinrichtung:* Durch die kontinuierliche Datenübertragung zwischen Fahrzeugen und Strecke kann auf einen Großteil der ortsfesten Sensorik zur Gleisfreimeldung verzichtet werden. Sofern nicht von der Zulassungsbehörde anders gefordert, können auch ortsfeste Signale vollständig entfallen, da nunmehr eine Führerstandssignalisierung mit einer entsprechend hohen Verfügbarkeit vorliegt. Die geringe Anzahl an Außenanlagenelementen resultiert neben geringen Anschaffungskosten auch in erheblichen Einsparungen für die Instandhaltung.
- *Energieeinsparung:* Die kontinuierliche Datenübertragung zwischen Fahrzeug- und Streckeneinrichtung legt die Grundlage für die automatische Fahr- und Bremssteuerung (Automatic Train Operation, ATO). Hierdurch gelingt – sofern die Betriebssituation es zulässt – die Umsetzung einer energiesparenden Fahrweise mit Einsparung entsprechender Kosten für die Traktionsenergie. Die energiesparende Fahrweise resultiert hierbei neben dem optimalen Ausfahren der eigenen Trajektorie auch aus vermiedenen Folgeverspätungen.
- *Einsparung von Personalkosten:* Vollautomatische fahrerlose Bahnen benötigen für den betrieblichen Ablauf kein Personal. Je nach System kann die Bereitstellung und die Abstellung von Zügen sowie die Beförderung von Fahrgästen effizienter gestaltet werden. Darüber hinaus können mit vollautomatischen fahrerlosen Bahnen weitere Verkehrsangebote entwickelt werden, die heute mit hohen Personalkosten (Nacht- oder Sonn- und Feiertagszuschläge) und Einschnitten im Privatleben verbunden sind. Auf diese Weise wird beispielsweise ein durchgängiger U-Bahnbetrieb auch während der Nacht oder ein uneingeschränkter Verkehr an Feiertagen möglich.
- *Zusätzliche Fahrgeldeinnahmen:* Die dichtere Zugfolge führt zu einer Steigerung der Attraktivität des öffentlichen Personennahverkehrs. Zusätzliche Fahrgäste bedeuten mehr Umsatz für die Verkehrsunternehmen.

7.2   Untersuchungen zur Leistungsfähigkeit

Mit der Betriebssimulation lässt sich das Leistungsverhalten für verschiedene Infrastruktur- und Betriebsprogrammvarianten für einen gegebenen Untersuchungszeitrum grundsätzlich bewerten und vergleichen. Die Betriebssimulation kann Auskunft darüber geben, in welchem Auslastungsbereich sich der aktuelle oder ein geplanter Fahrplan bewegt und wie groß eventuell vorhandene Kapazitätsreserven (bezogen auf den betrachten Netzausschnitt) sind. In CBTC-Projekten werden Betriebssimulationen mit Hilfe einer geeigneten Simulationssoftware durchgeführt. Die folgenden Abschnitte beschreiben die im Rahmen einer Betriebssimulation durchzuführenden aufeinander aufbauenden Schritte (Becker et al. 2019).

7.2.1   Vorbereitung des Simulationsmodells

Für den in der Simulation zu betrachtenden Streckenbereich müssen die für die Durchführung der verschiedenen Betrachtungen erforderlichen Grunddaten des Simulationsmodells erfasst werden. Grundlage einer Betriebssimulation sind im Wesentlichen die nachfolgend dargestellten drei Gruppen von Daten (Ostermann et al. 2005):

Infrastrukturdaten: Die Infrastruktur des zu simulierenden Netzes des Betreibers wird mittels eines Grafikeditors entworfen und verwaltet. Hierbei werden die wesentlichen Merkmale der Strecke als Knoten-Kanten-Modell abgebildet. Es handelt sich hierbei um kanten- oder knotenbewertete Grafen (Becker et al. 2019). An jeder Stelle, an der sich ein Attribut der Strecke ändert, wird im Modell ein Knoten gesetzt. Die Infrastruktur wird hierbei oftmals von Hand aufgenommen. Die benötigten Daten können wie folgt unterschieden werden:

- *Daten zur Gleistopologie* wie Weichen, Kreuzungen und Gleisenden.
- *Daten zur Sicherungslogik* wie Signale, Spezifika der eingesetzten Zugsicherungssysteme (Fahrstraßenlogik), Lage und Länge von Gleisfreimeldeabschnitten und technische Reaktionszeiten (Umlaufzeiten von Weichenantrieben, Fahrstraßenbildezeiten und weitere Details wie beispielsweise eine einzelelementweise Auflösung von Fahrstraßen).
- Vorgaben für die *zulässige und mögliche Fahrweise* der Fahrzeuge wie das Gradientenprofil (Neigungen und Gefälle) sowie zulässige Geschwindigkeiten beispielsweise bedingt durch Bogenradien (zum Beispiel in abzweigenden Weichensträngen).
- *Betriebsbeeinflussende Daten* wie Haltepositionen und Nutzlängen der Bahnsteige
- Referenz- und Messpunkte.

Fahrplan- und Betriebsdaten: Für eine realistische Abbildung des Betriebs werden Fahrpläne in das Simulationswerkzeug eingegeben. Hierbei werden verschiedene Aspekte differenziert:

- *Modellierung des Soll-Fahrplans:* Die im Simulationsmodell zu berücksichtigenden Daten umfassen die Grunddaten des Soll-Fahrplans von den Einbruchstellen des Zuges in den betrachteten Netzausschnitt. Konkrete Parameter umfassen hierbei:

- *Modellierung der Haltezeiten.* Hierbei werden Verkehrshaltezeiten, das heißt dem Fahrgastwechsel dienenden Haltestellenaufenthalten (minimale Haltezeiten und Sollhaltezeiten) abgebildet. Des Weiteren werden möglicherweise noch Haltezeitreserven im Fahrplan berücksichtigt. Darüber hinaus werden auch Betriebshaltezeiten abgebildet. Betriebshaltezeiten dienen nicht unmittelbar dem Fahrgastwechsel. Ein Beispiel hierfür sind zusätzliche im Fahrplan zu berücksichtigende Zeitanteile für das Kehren von Fahrzeugen an den Endhaltestellen (Wendezüge), das Kuppeln und Trennen von Zügen (Flügelzugkonzepte) sowie gegebenenfalls die Abwicklung geplanter Rangierfahrten.
- *Modellierung der Fahrzeiten* mit Abfahrts- und Ankunftszeiten in den Stationen, Sollfahrzeiten und (Regel-)Zuschlägen auf die Fahrzeit zur Kompensation möglicher Störungen im Betriebsablauf.
- *Modellierung weiterer Zeitanteile,* welche durch die Umstiege von Fahrgästen erforderlich werden. Ein Beispiel hierfür ist die logische Verknüpfung zweier Zugfahrten durch die Berücksichtigung von Anschlussbeziehungen. Ist der zubringende Zug verspätet, wird bei einer Anschlussbindung die Verspätung auf den abbringenden den Zug übertragen.

• *Daten des Ist-Betriebsgeschehens:* Um das reale Betriebsgeschehen abzubilden, werden einbrechenden Züge mit einer Verspätungsverteilung beaufschlagt. Diese wird repräsentiert durch eine Verspätungsfunktion und sollte einer möglichst realen Verspätungsverteilung an dieser Stelle entsprechen (beispielsweise aus Daten des Intermodal Transport Control Systems, ITCS). Über den Laufweg der Fahrzeuge können darüber hinaus Primärverspätungen (verlängerte technische Fahrzeit, Haltezeit) induziert werden, welche ebenfalls durch Verteilungsfunktionen beschrieben werden. Zusätzlich sollten auch für die Haltestellen im betrachteten Netzausschnitt Verspätungsverteilungen vorliegen, damit diese später mit den Simulationsergebnissen verglichen werden können (Büker et al. 2021).

Fahrzeugdaten pro Fahrzeugbaureihe: Für die Stadtbahnfahrzeuge werden die technischen Daten aller in der Simulation vorkommenden Fahrzeuge und Fahrzeugkombinationen verwaltet. Konkret betrifft dies von den Fahrzeugherstellern vorgegebene (und im CBTC-Fahrzeugrechner projektierte) garantierte Bremsverzögerungen sowie das üblicherweise im Betrieb realisierte Beschleunigungsverhalten der Fahrzeuge, Laufwiderstandsdaten, die Anzahl der Wagen pro Zug sowie die Zuglänge.

7.2.2 Validierung und Kalibrierung des Simulationsmodells

Um eine hohe Aussagekraft der Simulationsergebnisse zu erhalten, muss dieses valide sein. Daher wird man vor Beginn der Simulationsmodell auf den Prüfstand stellen (Becker et al. 2019). Dies geschieht in zweierlei Hinsicht:

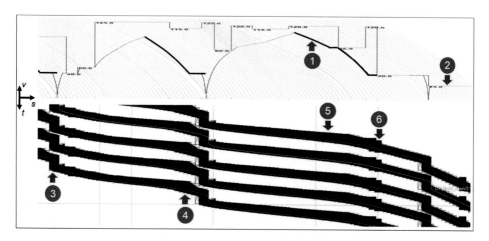

Abb. 7.2 Beispielhafte Darstellung eines Simulationsmodells. (Quelle: VIA Consulting & Development GmbH)

- Frühzeitige Durchführung von Simulationen, um Lücken oder möglicherweise unzureichend modellierte Aspekte im Simulationsmodell zu offenbaren. Hierzu werden auf Grundlage des hinterlegten Fahrplans frühzeitig Simulationsläufe gestartet, um das Simulationsmodell bei Bedarf zu korrigieren.
- In einem weiteren Schritt wird das Simulationsmodell kalibriert. Dies stellt sicher, dass das Simulationsmodell eine valide Abbildung der Wirklichkeit darstellt und zu den gleichen Ergebnissen führt, wie diese sich auch im realen Betrieb einstellen. Hierfür wird der Ist-Zustand der Betriebsabwicklung auf zu betrachtenden Strecke modelliert. Zur Bewertung der aktuellen Betriebsqualität werden die Verspätungen aus den Simulationsergebnissen bei der durchgeführten Betriebssimulation betrachtet (Cui und Martin 2014). Hierfür werden die Verspätungen an den relevanten Fahrzeitmesspunkten (den Stationen) gemessen und mit den vorliegenden Werten aus dem Intermodal Transport Control System (ITCS) des Betreibers verglichen.

Abb. 7.2 zeigt das Zusammenwirken der verschiedenen Modellbestandteile in einem Simulationswerkzeug. In der oberen Bildhälfte ist die zulässige Fahrweise des Zuges in einem statischen Geschwindigkeitsprofil dargestellt. Unterhalb der zulässigen Geschwindigkeit ist die vom Zug tatsächlich realisierte Geschwindigkeit dargestellt. In der unteren Bildhälfte sind die Zeit-Weg-Linien (Sperrzeitenbänder) der Zugfahrten dargestellt. Die Zahlen in Abb. 7.2 markieren Charakteristika, wie sie sich in einem CBTC-System ergeben. In der Darstellung der vom Zug realisierten Fahrweise wird deutlich, dass die maximal zulässige Geschwindigkeit nicht erreicht wird, weil der Zug schon frühzeitig auf das Geschwindigkeitsziel bremst (Ziffer 1). Hinter dem Zielbahnsteig schließt sich ein Kehrgleis mit einer geringen zulässigen Geschwindigkeit von 25 km/h an (Ziffer 2). In der unteren Bildhälfte wird deutlich, dass die erreichbaren Zug-

folgezeiten in städtischen Bahnsystemen wesentlich durch die Haltestellenaufenthaltszeiten bestimmt werden (Ziffer 3). Ebenfalls wird deutlich, dass die Sperrzeitenbilder
von der Fahrzeuggeschwindigkeit abhängen. Die Nachbelegung (Teil des Sperrzeitenbandes unterhalb der Zeit-Weg-Linie eines Zuges) wächst mit fallender Geschwindigkeit
(vgl. Ziffer 4). Die Vorbelegung (Teil des Sperrzeitenbandes oberhalb der Zeit-Weg-Linie
eines Zuges) wächst überproportional zur Geschwindigkeit (vgl. Ziffer 5). Zuletzt wird
auch deutlich, dass Weichenlagen ebenfalls einen Einfluss auf die Sperrzeitenbänder
haben. Die Weiche ist ein zu sichernder (ortsfester) Gefahrenpunkt. Ihre korrekte Endlage muss vor Zulassen einer Zugfahrt vorhanden sein (Büker et al. 2019). Aus diesem
Grund zeigt sich diese frühzeitige Beanspruchung der Weiche für die Zugfahrt in der
Vorbelegung für die jeweilige Zugfahrt (vgl. Ziffer 6).

7.2.3   Durchführung und Auswertung der Simulationsläufe

Um für das jeweilige Entscheidungsproblem zu validen Aussagen zu kommen, werden in
der Regel mehrere Varianten des Simulationsmodells dem jeweiligen Nachweisziel folgend modifiziert und durchlaufen (Becker et al. 2019). Im Sinne des Monte-Carlo-Ver-
fahrens wird für jedes betrachtete Simulationsszenario eine ausreichende Menge von
Simulationsläufen durchgeführt, so dass hieraus statistisch belastbare Kennzahlen resultieren. Jeder Simulationslauf erhält als Input eine Liste zufällig generierter primärer Ver-
spätungsdaten, welche zug- und betriebsstellenspezifisch sind (Büker et al. 2021). Die
Erstellung der unterschiedlichen Simulationsszenarien erfolgt nach dem in der Verkehrsplanung üblichen Mitfall-/Ohnefall-Prinzip.

- *Ohne-Fall: Durchführung des aktuellen Fahrplanangebots mit aktueller Technik:* Die-
  ses stellt die Referenz für alle Änderungen im System dar. Um tragfähige Simulationsergebnisse zu erhalten, war dieses Simulationsmodell Gegenstand der zuvor dargestellten Validierung und Kalibrierung.
- *Mit-Fall 1: Durchführung des aktuellen Fahrplanangebotes mit zukünftiger Technik:*
  Durch den Übergang von einer konventionellen Zugsicherung mit Fahrsperre zu einem
  CBTC-System gelingt ein Übergang vom Fahren im festen Raumabstand zu einem
  Fahren im wandernden Raumabstand. Hierdurch beeinflussen sich die Züge nicht mehr
  gegenseitig und es kommt nicht mehr zu einer Verspätungsübertragung. Hierdurch entstehen Kapazitätsreserven.
- *Mit-Fall 2: Hochskalieren des Fahrplanangebotes mit zukünftiger Technik:* Die zukünftig gewünschten Fahrplantakte werden in der Betriebssimulation abgebildet. Hierdurch kann bewertet werden, inwieweit noch Kapazitätsreserven bestehen und in welchem Auslastungsbereich die Strecke betrieben wird.

Die Ergebnisse der einzelnen Simulationsläufe werden jeweils für sich ausgewertet. Die Ergebnisse der unterschiedlichen Simulationsläufe werden einander gegenübergestellt, um die relative Vorteilhaftigkeit der unterschiedlichen untersuchten Systemvarianten zu analysieren und für die nachgelagerten Entscheidungsprozesse (unter ande-

rem zur Förderwürdigkeit des jeweiligen Projekts) transparent und nachvollziehbar zu dokumentieren.

Literatur

Arnold M (2017) Standardisierte Bewertung Version 2016 – Ergebnisse der Weiterentwicklung und Fortschreibung. Nahverkehr 35(9):42–46

Becker M, Büker T, Hennig E, Felix K (2019) Sound evaluation of simulation results. In: RailNorrköping 2019 - 8th International Conference on Railway Operations Modelling and Analysis (ICROMA), Norrköping, S 99–115

Büker T, Grafagnino T, Hennig E, Kuckelberg A (2019) Enhancement of blocking-time theory to represent future interlocking architectures. In: RailNorrköping 2019 - 8th International Conference on Railway Operations Modelling and Analysis (ICROMA), Norrköping, S 219–240

Büker, Thorsten; Lars Schnieder; Madeleine van Hövell; Daniel Meurer: *Eisenbahnbetriebswissenschaftliche Untersuchung von CBTC-Systemen.* In: Signal + Draht 113 9/2021, S. 25–33

Cui Y, Martin U (2014) Algorithmus zur automatisierten Kalibrierung von Modellen bei der Betriebssimulation. Eisenbahntechn Rundsch 63(11):10–14

DIN IEC 60300-3-3:1999-03. Zuverlässigkeitsmanagement – Teil 3: Anwendungsleitfaden – Hauptabschn 3: Betrachtung der Lebenszykluskosten (IEC 60300-3-3:1996)

Gutsche K (2010) Integrierte Bewertung von Investitions- und Instandhaltungsstrategien für die Bahnsicherungstechnik, Bd 9. Berichte aus dem DLR-Institut für Verkehrssystemtechnik, Braunschweig

Hannusch G (2015) Anforderungen an IT-Systeme für das Asset Management im Bahnverkehr. Eisenbahningenieur 65(7):34–36

Kossak A (2018) Reaktivierung des allgemeinen Schienenpersonenverkehrs auf der Kandertalstrecke – Teil1. Eisenbahntechn Rundsch 67(6):22–25

Ostermann N, Schlögel A, Oster M, Messauer C (2005) Anwendungen der Betriebssimulation. Elektrotech Informationstech (e&i) 122(4):124–130

Wolberg J, Kiefer J (2000) Life Cycle Costs – Die Kosten von Betrieb, Wartung und Verfügbarkeit. Signal + Draht 92(6):19–22

Umbau, Test und Inbetriebnahme automatischer Zugbeeinflussungssysteme

8

Die Erneuerung der Signaltechnik wird insbesondere in Europa in den nächsten Jahren immer bedeutender, da ein Großteil der bestehenden Infrastruktur der U-Bahnsysteme in den Großstädten mehr als 30 Jahre alt ist (de Silvestre 2005). Viele Betreiber stehen aus folgenden Gründen vor Ersatzinvestitionen:

- *Obsoleszenz:* Ersatzteile für die bestehenden signaltechnischen Anlagen sind nicht mehr lieferbar (Laumen und Henning 2012). Dies stellt eine große Herausforderung für die Instandhaltung und die Aufrechterhaltung eines sicheren und ordnungsgemäßen Betriebs dar (McCullough 2008).
- *Kapazität:* Mit den bestehenden signaltechnischen Systemen kann die zunehmende Verkehrsnachfrage zukünftig nicht mehr qualitätsgerecht bedient werden. Dichtere Zugfolgen sind mit den bestehenden signaltechnischen Anlagen nicht mehr realisierbar (McCullough 2008).

Damit in den Infrastrukturen der U-Bahn- und Stadtbahnbetreiber eine Umrüstung bestehender Signaltechnik auf die zukünftige CBTC-Systeme erfolgreich ist, sind sinnvolle Migrationsstrategien zu entwickeln. Dies wird in Abschn. 8.1 behandelt. Grundlage einer erfolgreichen Projektumsetzung ist die Projektierung von Streckeneinrichtungen und Fahrzeugeinrichtungen, was in Abschn. 8.2 beschrieben wird. Den Nachweis über die korrekte Realisierung der automatisierungstechnischen Funktionen liefert ein effektives Testmanagement. Dies wird in Abschn. 8.3 behandelt. Vor Aufnahme des Betriebes müssen – wie in Abschn. 8.4 dargestellt – verschiedene Zielgruppen des Betreibers zu den neuen Technologien geschult werden.

© Springer-Verlag GmbH Deutschland, ein Teil von Springer Nature 2022
L. Schnieder, *Communications-Based Train Control (CBTC)*,
https://doi.org/10.1007/978-3-662-65285-5_8

8.1   Definition der Migrationsstrategie

Die richtige Wahl der Erneuerungsstrategie ist einer der wichtigsten Erfolgsfaktoren. Dies gilt insbesondere für Projekte, die nicht „auf der grünen Wiese" (englisch: green field projects) realisiert werden. Es gibt viele zu berücksichtigende Einflüsse und spezifische Einschränkungen, die bei der Definition der geeigneten Erneuerungsstrategie mit bedacht werden müssen. Die Entscheidung wird zusätzlich noch dadurch erschwert, dass die gewählte Erneuerungsstrategie einen enormen Kosteneffekt aufweist. Verschiedene Erneuerungsstrategien werden nachfolgend mit ihren bestehenden Einschränkungen, sowie den jeweiligen Vor- und Nachteilen beschrieben.

Die nachfolgenden Zielsetzungen gelten unabhängig von der gewählten Erneuerungsstrategie:

- *Minimierung der Auswirkungen von Streckensperrungen auf den Fahrgastbetrieb:* Ein möglichst ungehinderter Bauablauf erfordert während der Umsetzung der Erneuerungsstrategie Streckensperrungen. Hierbei müssen die Streckensperrungen selbst frühzeitig geplant werden. Hierbei gibt es zwei unterschiedliche Strategien:
  - *Ausschließliche Nutzung von Nachsperrpausen:* Der erste Ansatz ist die ausschließliche Nutzung von Nachtsperrpausen (in der Regel 3 bis 4 Stunden in jeder Nacht) für die Installationsarbeiten. Diese Strategie hat den unbestreitbaren Vorteil, dass sie keine Auswirkungen für die Fahrgäste hat. Das Fahrplanangebot wird auch während der Bauphase ohne Einschränkungen aufrechterhalten und muss nicht durch kostenträchtige Schienenersatzverkehre kompensiert werden. Nachteil dieser Strategie ist, dass durch die für das tägliche Einrücken in den Baustellenbereich und die Räumung der Baustelle erforderlichen Vor- und Nachlaufzeiten sowie die in der Regel kurze Zeit einer nächtlichen Sperrpause sehr wenig Zeit für die Durchführung der erforderlichen Bauarbeiten verbleibt. Der Baufortschritt vollzieht sich daher weniger zügig und die Bauzeit erstreckt sich hierdurch über einen längeren Zeitraum. Da über die eigentlichen Lohnkosten hinaus noch erhebliche Zuschläge für Nachtarbeit zu zahlen sind, bringt diese Strategie auch erhebliche Kosten mit sich.
  - *Vollsperrung der Strecke:* Ein gegensätzlicher Ansatz ist die Vollsperrung der Strecke. Die komplette Sperrung ermöglicht einen optimalen Bauablauf, da Vor- und Nachlaufzeiten für die tägliche Einrichtung und Rücknahme von Baustellenbereichen entfallen. Da die Arbeiten in diesem Ansatz nicht zwingend nachts durchgeführt werden müssen, können bei diesem Ansatz die erheblichen Zusatzkosten für Zuschläge für Nachtarbeit entfallen. Allerdings sind mit diesem Ansatz massive Auswirkungen für die Fahrgäste verbunden, da das Fahrtenangebot komplett entfällt und mit Schienenersatzverkehren aufgefangen werden muss. Aus diesem Grund werden Vollsperrungen in der Regel vorzugsweise in den Sommerferien durchgeführt, da hier durch die ohnehin geringere Verkehrsnachfrage weniger Fahrgäste betroffen sind. Außerdem müssen die eingesparten Kosten für Nachtzuschläge und

Akademisches
Kompetenzzentrum
Verkehr und Mobilität

Studiengänge

erkehrsingenieurwesen (Dipl.Ing.) • Bahnsystemingenieurwesen (M.Sc.)
Elektrische Verkehrssysteme (M.Sc.)

 https://tu-dresden.de/bu/verkehr/studium

Fit für die
Praxis

Weiterbildung

Modular aufgebaute Kurse zum Eisenbahnbetrieb und zur
Leit- und Sicherungstechnik

 https://tu-dresden.de/vkw/weiterbildung

Produktivitätsgewinne sorgfältig gegen die erheblichen Zusatzkosten für umfangreiche Schienenersatzverkehre abgewogen werden. *Gewährleistung einer ausreichenden Fahrzeuganzahl für den Betrieb:* Neben den zuvor beschriebenen Streckensperrungen muss auch die Ausrüstung der Fahrzeuge von Beginn an mit bedacht werden. Für die Ausrüstung der Fahrzeuge müssen diese für einen gewissen Zeitraum außer Betrieb genommen werden, um in der Werkstatt mit der neuen Fahrzeugausrüstung versehen zu werden. Hierdurch reduziert sich währen des Migrationszeitraums zumeist die Fahrzeugreserve, wenn nicht gar die Anzahl der für den Betrieb zur Verfügung stehenden Fahrzeuge. Die Umbaustrategie muss daher frühzeitig mit dem für die Fahrzeuge verantwortlichen Unternehmensbereich abgestimmt werden. Außerdem müssen auch geeignete Werkstattkapazitäten (Gruben und Testgleise) für die Durchführung der Fahrzeugumrüstung zur Verfügung stehen.

- *Minimierung der technischen und betrieblichen Risiken während der Migrationsphase:* Hierbei sind unter anderen auch Rückwirkungen von Veränderungen im Gesamtsystem zu bewerten. So ist beispielsweise bei einer nachträglichen Ergänzung von Bahnsteigtüren zu prüfen, inwieweit Bahnsteigflächen für das Fahrgastaufkommen (Wartefläche) oder für die Entfluchtung im Falle eines Notfalls noch ausreichend sind. Außerdem führt das nachträgliche Einbringen von Bahnsteigtüren im Stationsbereich zu weiteren nachträglichen Änderungen beispielsweise hinsichtlich der Be- und Entlüftung.
- *Minimierung der Kosten für die Migrationsphase:* Hierbei sind auch die Investitions- und Betriebskosten etwaiger Doppelausrüstungen von Fahrzeugen und Infrastruktur zu bewerten. Jede zusätzlich vorgehaltene Einrichtung muss beispielsweise regelmäßig inspiziert und instandgehalten werden.

Um das Risiko zu mindern, werden während der Bauphase streckenseitige Umschalteinrichtungen zwischen dem alten Zugsicherungssystem und dem neuen Zugsicherungssystem sowie mögliche Rückfallebenen zwischen dem neuen und dem bestehenden Zugsicherungssystem empfohlen. Die CBTC-Streckeneinrichtung (Streckenzentrale, Funksystem und Ortungsreferenzpunkte) kann beispielsweise als Overlay-System zu einem bestehenden Zugsicherungssystem installiert werden. Auf jeden Fall sind die projektspezifischen Besonderheiten bei der Auswahl der Erneuerungsstrategie zu berücksichtigen. Im Folgenden werden mit der Doppelausrüstung von Fahrzeugen und der Doppelausrüstung der Infrastruktur die beiden unterschiedlichen Strategieoptionen beschrieben und hinsichtlich ihrer Vor- und Nachteile bewertet.

8.1.1 Doppelausrüstung der Fahrzeuge

Eine mögliche Strategie für die Erneuerung der Zugsicherung im Netz eines Betreibers ist die Doppelausrüstung von Fahrzeugen und der abschnittsweise Umbau des gesamten Netzes. Die Migration erfolgt hierbei wie folgt:

Alle Züge werden mit den neuen CBTC-Fahrzeuggeräten ausgerüstet. Darüber hinaus sind (zumindest im ersten Bauabschnitt) alle Streckeneinrichtungen bereits installiert worden. Eine neue Leitstelle wird – parallel zum Betrieb der bestehenden Leittechnik – eingerichtet. Auf dieser Grundlage können während der Tageszeiten ohne Betrieb (in der Regel nachts) zunächst statische Tests und im Anschluss dynamische Tests für das neue Zugbeeinflussungssystem durchgeführt werden. Für die Durchführung der Testaktivitäten werden die Weichen und andere notwendige Fahrwegelemente über eine Umschalteinrichtung mit dem neuen Zugsicherungssystem verbunden. Nach den nächtlichen Testphasen wird die Kontrolle über die Weichen und die anderen Feldelemente über die Umschalteinrichtung wieder an das bestehende Zugsicherungssystem zurückgegeben. Sobald die dynamischen Tests vollständig durchgeführt worden sind, kann im ersten Abschnitt der Betrieb mit dem neuen Zugbeeinflussungssystem aufgenommen werden. Deshalb müssen bereits frühzeitig im Projekt alle Züge, die in diesen Streckenabschnitt einfahren, über die entsprechende CBTC-Fahrzeugeinrichtungen verfügen. Auf diese Weise werden Schritt für Schritt die nächsten Bauabschnitte entlang der Linie mit CBTC-Streckeneinrichtungen in Betrieb genommen, bis die komplette Linie umgerüstet ist. Ist der Probebetrieb mit dem neuen Zugbeeinflussungssystem erfolgreich verlaufen, können die Altsysteme zurückgebaut werden. Diese Erneuerungsstrategie erfordert in der Übergangsphase eine Systemumschaltung zwischen dem bestehenden Zugbeeinflussungssystem und dem neuen Zugbeeinflussungssystem an den Grenzen der jeweiligen Baustufen. An einer definierten Systemwechselstelle schaltet der Fahrer zwischen den Zugbeeinflussungssystemen um. Hierfür werden in der Regel Stationsaufenthalte genutzt, da der Zug hier hält. Die Grenze muss mit Sorgfalt ausgewählt werden. Die Stellwerksgrenzen des Altsystems müssen hierbei mit berücksichtigt werden. Eine Systemgrenze innerhalb eines Stellwerksbereichs des Altsystems erfordert umfassende Änderungen im Bestandssystem, die möglichst vermieden werden sollten. Die Anzahl der Systemwechselstellen sollte so gering wie möglich sein, da jede Systemwechselstelle zwar nur vorübergehender Natur ist, jedoch eine umfassende Projektierung erfordert. Die Leitebene kann oft ohne aufwändige Datenschnittstellen realisiert werden (Arpaci und Schwarte 2013).

Diese Erneuerungsstrategie weist die folgenden Vor- und Nachteile auf:

- Die *Vorteile* dieser Erneuerungsstrategie sind wie folgt:
  - Eine schrittweise Erneuerung der signaltechnischen Infrastruktur ist möglich.
  - Jede Bauphase verfügt im Abschnitt über ein einheitliches Betriebskonzept. Es gibt in einem Abschnitt keinen Mischbetrieb mit verschiedenen Zugbeeinflussungssystemen.
- Die *Nachteile* dieser Erneuerungsstrategie sind wie folgt:
  - Zum Zeitpunkt der Umrüstung des ersten Streckenabschnitts müssen bereits alle in diesem Abschnitt verkehrenden Züge über eine CBTC-Fahrzeugeinrichtung verfügen.

– Es werden Systemwechselstellen benötigt, an denen die Umschaltung zwischen altem Zugbeeinflussungssystem und dem neuen Zugbeeinflussungssystem erfolgt.
– Möglicherweise stellt die Installation einer zweiten Fahrzeugeinrichtung technisch eine unlösbare Aufgabe dar, da keine ausreichenden Einbauräume für eine vorübergehende zweite Fahrzeugeinrichtung vorhanden sind.

8.1.2 Doppelausrüstung der Streckeneinrichtungen

Die zweite mögliche Erneuerungsstrategie ist die doppelte Ausrüstung der Streckenbereiche, so dass ein Mischbetrieb von Fahrzeugen mit konventionellem Zugbeeinflussungssystem und Fahrzeugen mit CBTC-Fahrzeuggeräten möglich wird. Hierbei werden in einer ersten Projektphase alle CBTC-Streckengeräte im gesamten Netz installiert. Hierbei erhält das neue Zugsicherungssystem die für die Steuerung und Überwachung der Komponenten des alten Zugsicherungssystems erforderlichen technischen Schnittstellen. Erhalten beispielsweise in einem alten Zugbeeinflussungssystem die Fahrzeuge die Informationen über ihre zulässige Fahrweise über von Gleisstromkreisen übertragene Geschwindigkeitscodes, muss das neue Stellwerk ebenfalls über eine Schnittstelle zu diesen Gleisstromkreisen verfügen. Eine neue Leittechnik wird parallel zur bestehenden Leittechnik eingerichtet. Diese Erneuerungsstrategie erfordert im Gegensatz zu der im vorherigen Abschnitt dargestellten Doppelausrüstung von Fahrzeugen nicht, dass in der ersten Phase schon alle Züge mit der CBTC-Fahrzeugeinrichtung ausgestattet werden. Sobald alle Teilsysteme installiert worden sind und die statischen Tests abgeschlossen sind, können die dynamischen Tests beginnen. Dies erfolgt in der Regel außerhalb der regulären Betriebszeiten (das heißt in der Regel nachts). Die Steuerung und Überwachung der Weichenantriebe, Signale und Komponenten des bestehenden Zugsicherungssystems werden mittels Umschalteinrichtung auf das neue Zugsicherungssystem umgestellt. Nach dem Test wird die Steuerung und Überwachung wieder an das Altsystem übergeben. Sobald die dynamischen Tests abgeschlossen sind, kann der Fahrgastbetrieb im Mischbetrieb aufgenommen werden (Arpaci und Schwarte 2013).

Das neue Zugbeeinflussungssystem erkennt automatisch mit CBTC ausgerüstete Fahrzeuge. Die CBTC-Fahrzeuge werden im Abstandshalteverfahren des Fahrens im wandernden Raumabstand (mit absolutem Bremswegabstand) geführt. Die noch nicht mit CBTC ausgerüsteten Fahrzeuge werden wie bisher auch vom bestehenden Zugbeeinflussungssystem geführt. Hierbei können die Alttechniken unterschiedlich ausgeprägt sein wie beispielsweise ein punktförmiges Zugbeeinflussungssystem, welches lediglich das Überfahren eines Halt zeigenden Signals verhindert oder aber ein älteres kontinuierlich wirkendes Zugbeeinflussungssystem, welches Informationen über die zulässige Fahrweise über Geschwindigkeitscodes auf das Fahrzeug übermittelt. Das neue Zugbeeinflussungssystem stellt sicher, dass im Mischbetrieb zwischen Fahrzeugen mit CBTC und ohne CBTC ausreichende Abstände zwischen den Zugfahrten eingehalten werden.

Üblicherweise werden alle Teilsysteme ersetzt, wenn eine Linie wegen Obsoleszenz (das heißt Teilsysteme sind nicht mehr lieferbar) erneuert werden muss. Daher werden in diesem Beispiel alte Gleisfreimeldesysteme und Zugbeeinflussungseinrichtungen in einer zweiten Phase ersetzt. Eine neue Gleisfreimeldung mit Achszählsystemen kann mühelos parallel zu bestehenden Gleisfreimeldesystemen installiert werden. Während der Migrationsphase kommt bereits das neue Zugbeeinflussungssystem zum Einsatz. Nur die Software muss später für die Tests des letzten Abschnitts ohne das Altsystem getauscht werden. Dies erfolgt in der Betriebspause. Sobald die dynamischen Tests mit der finalen Systemkonfiguration abgeschlossen sind, kann das letzte Altsystem abgeschaltet werden. Bevor dies allerdings passieren kann, müssen alle Züge, welche auf der Linie verkehren, mit CBTC ausgerüstet sen. Züge mit dem Altsystem können nicht mehr auf der Linie verkehren.

Der letzte Schritt ist der Rückbau des Altsystems, sobald der Testbetrieb erfolgreich absolviert wurde. Dieser Ansatz der Migration hat die folgenden Vor- und Nachteile:

- Die *Vorteile* dieser Erneuerungsstrategie sind wie folgt:
  - Nicht alle Fahrzeuge müssen zu einem frühen Zeitpunkt mit CBTC ausgerüstet sein.
  - Es gibt keine Baustufenschnittstelle mit einem Systemwechsel.
- Die *Nachteile* dieser Erneuerungsstrategie sind wie folgt:
  - Es müssen komplexe Simulationen durchgeführt und Schnittstellen zur bestehenden Signaltechnik implementiert werden.
  - Es müssen zwei Testphasen mit unterschiedlichen Systemkonfigurationen durchgeführt werden.
  - Es bestehen zu einem Zeitpunkt verschiedene Betriebskonzepte in einem Streckenabschnitt in Abhängigkeit des Ausrüstungszustands des jeweiligen Zugtyps.

Die Doppelausrüstung von Streckeneinrichtungen wird oftmals dann ausgewählt, wenn eine Fahrzeugflotte nicht rechtzeitig verfügbar ist oder wenn nur neue Fahrzeuge ausgerüstet werden sollen oder können.

8.2   Projektierung automatischer Zugbeeinflussungssysteme

Leit- und Sicherungssysteme im Eisenbahnverkehr müssen individuell an die strecken-, betriebs- und fahrzeugspezifischen Randbedingungen angepasst werden. Diese Anpassung oder Konfiguration des Systems wird auch als *Projektierung* bezeichnet. Für einen sicheren Betrieb muss sichergestellt werden, dass die Projektierungsdaten fehlerfrei sind. Eine fehlerhafte Projektierung (wie zum Beispiel eine fehlerhaft projektierte zulässige Geschwindigkeit) kann somit trotz der nachgewiesenen Fehlerfreiheit der anwendungsunabhängigen Software des CBTC-Systems zu einem Versagen einer sicherheitsrelevanten Funktion führen. In der Ausführungsphase erstellt der Systemhersteller alle herstellerspezifischen Ausführungsunterlagen für die Strecken- und Fahrzeugeinrichtungen, die auf den Eingangsdaten des Betreibers basieren. Der Arbeitsaufwand des Herstellers im Rahmen der Ausführungsphase sowie die Kosten der Projektierung sind sehr stark abhängig von der Qualität der Eingangsdaten des Betreibers. Nachfolgend werden Aspekte der Projektierung von Strecken- und Fahrzeugeinrichtungen automatischer Zugbeeinflussungssysteme dargestellt (Schroeder 2002).

8.2.1 Kategorien streckenspezifischer Projektierungsdaten

Das Datenmodell des Streckenatlasses muss ein umfassendes Bild über die Schieneninfrastruktur mit allen sicherheitsrelevanten Parametern enthalten. Konkret umfassen die streckenspezifischen Projektierungsdaten die folgenden Kategorien:

- *Gleisgeometrie:* Grundsätzlich wird zunächst die Geometrie der Gleise erfasst. Die Erfassung der Geometrie kann durch bereits digital vorliegende Daten, digitalisierte Planzeichnungen oder aus der geometrischen Vermessung stattfinden, wie es heute in der Praxis schon durchgeführt wird.
- *Gleistopologie:* Im nächsten Schritt wird die Topologie aus der Geometrie abgeleitet. Topologische Knotenpunkte sind Weichen oder Gleisenden; Kreuzungsweichen werden topologisch durch bis zu vier Weichen repräsentiert. Die topologischen Punkte werden aus der Geometrie berechnet und die dazwischenliegenden Streckenelemente als topologische Gleiskanten identifiziert. Ergebnis eine ist eine Topologie, bei der die geometrisch beschriebenen Streckeneigenschaften auf Kanten mit wahren Längen bezogen sind.
- *Ergänzung weiterer streckenspezifischer Daten:* Die Aufnahme der weiteren streckenspezifischen Daten kann parallel zur Aufnahme der Topologie erfolgen, indem auf dem Weg von einem Referenzpunkt zum nächsten neben den Daten zur Aufnahme der Topologie diese Daten mit entsprechender Genauigkeit aufgenommen werden. Beispiele sind Angaben zu Belastbarkeit des Oberbaus, Lichtraumprofil, Notbremsüberbrückung oder Traktionsstromversorgung.

8.2.2 Kategorien fahrzeugspezifischer Projektierungsdaten

CBTC-Systeme haben Bremsmodelle, die gemäß der für das jeweilige Fahrzeug charakteristischen Parameter in anwendungsspezifisch konfigurierbaren Systemen hinterlegt werden. Möglicherweise müssen diese Parameter durch praktische Erprobungen ermittelt werden. Zu bestimmen sind die folgenden Fahrzeugparameter:

- *Traktionsabschaltung:* Zeit vom Einleiten einer Zwangsbremsung bis die Zugkraft abgebaut ist
- *Reaktionszeit:* Zeit bis zur Übertragung des Bremssignals im Zugverband und die Aufbauzeit der Bremskraft in den Bremssystemen der einzelnen Wagen.
- *Bremsverzögerung:* Mittlere Verzögerung während der Abbremsung, gestaffelt nach verschiedenen Geschwindigkeitsbereichen.

Die Bremsmodelle werden in der Regel für jede Fahrzeugserie unterschiedlich parametrisiert. Die Parameter können für die Betriebsbremsung und für die Zwangsbremsung für jedes Bremsmodell unterschiedlich festgelegt werden. Sicherheitsrelevant ist nur die Zwangsbremsung.

8.2.3 Qualitätsmerkmale von Projektierungsdaten

Durch welche Eigenschaften der Eingangsdaten oder der Projektierungsdaten kann die geforderte Qualität von Projektierungsdaten beschrieben werden? Zur Beschreibung der Qualität von Eingangsdaten wurden in (Schroeder 2002) folgende wesentlichen Qualitätsmerkmale identifiziert:

- *Strukturelle Konsistenz:* Die strukturelle Konsistenz bezieht sich auf die Abbildung der real existierenden physikalischen Objekte (Gleis, Weiche, usw.) als Informationen innerhalb eines Datenmodells. So dürfen zwischen zwei benachbarten Gleisabschnitten keine Sprünge in ihrer Lage existieren. Zwei Datenquellen dürfen nicht einen eindeutigen Punkt in der Realwelt mit zwei nicht eindeutig ineinander überführbaren Koordinaten beschreiben (Schroeder 2002).
- *Vollständigkeit:* Der Wirkbereich einer Zugsicherungsanlage muss informationstechnisch vollständig über Projektierungsparameter beschrieben sein. Eine unvollständige Beschreibung des realen Streckenabbildes führt dazu, dass die Technik ihre Sicherungsfunktion nicht vollständig über den gesamten Wirkbereich wahrnehmen kann (Schroeder 2002).
- *Aktualität:* Projektierungsdaten können nach der Häufigkeit der Aktualisierungen in statische und dynamische Daten unterschieden werden. Für Projektierungsdaten, die häufig geändert werden müssen oder nur über einen kurzen Zeitraum beschränkt gültig sind (zum Beispiel temporäre Langsamfahrstellen), ist die Aktualität der Daten ein wesentliches Qualitätsmerkmal (Schroeder 2002).
- *Genauigkeit:* CBTC fordert, im Gegensatz zu konventionellen Systemen, metergenaue Angaben zu Standorten von sämtlichen relevanten Streckenelementen wie Signalen (sofern vorhanden), Balisen oder Weichen. Daher sind auch geeignete Messmethoden zu definieren.
- *Korrektheit:* Durch „Papierprozesse" und fehlende Schnittstellen findet eine Übergabe der Daten zwischen Projektphasen häufig in nicht maschinell lesbaren Formaten statt. Der deshalb notwendige manuelle Datentransfer ist durch hohe Aufwände und Fehleranfälligkeit geprägt. Wünschenswert sind durchgängige digitale Prozesse ohne Medienbrüche.

8.2.4 Qualitätssichernde Prozesse für Projektierungsdaten

Für die Entwicklung und Einführung von Zugsicherungssystemen müssen in Europa harmonisierte Sicherheitsnormen berücksichtigt werden. Anforderungen, die die Projektierung eines technischen Systems betreffen, leiten sich der DIN EN 50128 ab. In diesem Kapitel wird unterschieden zwischen der generischen Software (in der Regel Programme), die eine Zulassung für einen bestimmten Typ einer Zugsicherungstechnik hat, und den Projektierungsdaten, die je nach dem Anwendungsfall entsprechend generiert und im Laufe des Systemlebenszyklus gepflegt werden müssen. Im Rahmen der Qualitätssicherung für die Projektierungsdatenmüssen die folgenden Dokumente erstellt werden:

- *Daten-Generierungsplan:* In diesem Dokument wird der Prozess der Datengenerierung beschrieben. Insbesondere müssen die einzelnen Verfahren zur Daten-Generierung sowie die verwendeten Softwaretools dargestellt werden, die im Rahmen des Datengenierungsprozesses verwendet werden. Insofern ist es erforderlich, dass neben der Beschreibung der Datenerfassung auch alle qualitätssichernden Prozesse erläutert werden. Für manuelle Handlungen muss die Qualifikation des eingesetzten Personals festgelegt werden, für die verwendeten Werkzeuge (Soft- und Hardware) dargestellt werden (Koch et al. 2014; Schütte et al. 2008), dass diese frei von systematischen oder zufälligen Fehlern arbeiten. Gegebenenfalls muss auch die Unabhängigkeit zwischen der eigentlichen Datengenerierung sowie der Verifikation und Validation der projektierten Daten nachgewiesen werden (DIN EN 50128).
- *Daten-Testplan:* In einem Daten-Testplan werden alle anzuwendenden, qualitätssichernden Maßnahmen festgehalten, die im Rahmen des Daten-Generierungsplans spezifiziert worden sind (zum Beispiel Testberichte, Berichte im Rahmen der Verifikation und Validation der Projektierungsdaten (DIN EN 50128).
- *Daten-Testbericht:* Die Ergebnisse der im Testplan spezifizierten Tests werden in einem Testbericht dokumentiert (DIN EN 50128).

8.2.5 Erfassung streckenspezifischer Projektierungsdaten

Ausgangspunkt für die Projektierung von Streckeneinrichtungen sind Bestandspläne. Bestandspläne (englisch: „as built documentation" oder im weiteren Verlauf des Lebenszyklus auch „as maintained documentation") stellen den gegenwärtigen Zustand der Bahnanlagen und deren näherer Umgebung dar. In der Regel umfassen die Angaben die Beschreibung sämtlicher Bahnanlagen, Kilometrierungen der Gleise, geodätische Lage und Höhenfestpunkte, Krümmungs- und Neigungsverhältnisse der Gleise, Bauarten der Weichen und Kreuzungen, Gleisabstände, Gleisnummern, Signal- und Fahrstraßenbezeichnungen sowie Weichengrenzzeichen. Diese Unterlagen unterliegen einer Fortführungspflicht und sollten nach Möglichkeit zu jederzeit korrekt und aktuell sein (Adler et al. 1981). Die Hersteller von CBTC-Systemen benötigen all diese Angaben, um auf dieser Grundlage die Umbaumaßnahmen zu planen sowie die anwendungsspezifische Konfiguration des CBTC-Systems zu erstellen. Dort wo Bestandspläne nicht in der geforderten Qualität vorliegen, müssen diese zu Beginn eines Projekts mit hohem Aufwand aktuell erstellt werden. Falsche oder ungenaue Daten wie beispielsweise Distanzen können im Prozess der Realisierung, der Abnahme und im Betrieb lange unentdeckt bleiben. Dies kann zu zeit- und kostenintensiver Fehlersuche, sporadischen Störungen im Betrieb, betrieblichen Einschränkungen oder Behinderungen und in Extremfällen zu potenziellen Gefährdungen führen (Schütte et al. 2008).

Ein Beispiel, Projektierungsdaten effizient zu erfassen ist der Einsatz von *Gleisgeometriemessfahrzeugen* zur präzisen Aufzeichnung der mit CBTC auszurüstenden Strecke. Die von den Fahrzeugen erfassten Daten fließen nach entsprechender Nachprozessierung in den Aufbau des Streckenatlasses ein, der in den CBTC-Systemen sowohl an Bord von Zügen als auch in den Streckeneinrichtungen als gemeinsames Koordinatensystem von Fahrzeugen und Strecken verwendet wird. Die Gleisgeometriemessfahrzeuge sind in der Lage, die Gleislage mit höchster Präzision zu erkennen sowie aufzuzeichnen. Sämtliche Messungen werden von elektromechanischen, inertialen oder Lasermesseinrichtungen und einem elektronischen Datenverarbeitungssystem kontinuierlich aufgezeichnet. Idealerweise befinden sich die messtechnischen Einrichtungen auf einem für das jeweilige Netz zugelassenen Messfahrzeug. Auf diese Weise wird eine Aufzeichnung und die Speicherung der gemessenen Daten sowie eine Echtzeitauswertung bei Messgeschwindigkeiten von bis zu 90 km/h möglich (Cabrera 2009).

8.3   Ausstattung von Fahrzeugen mit CBTC-Fahrzeuggeräten

Die Fahrzeuge des Betreibers müssen mit CBTC-Fahrzeuggeräten ausgestattet werden. Hierbei kann es sich um neue Fahrzeuge handeln. In Bestandsnetzen müssen auch vorhandene Fahrzeuge umgerüstet werden. Bei der Ausrüstung von Fahrzeugen müssen Aspekte der betrieblichen, mechanischen und elektrischen Integration zwischen Fahrzeugbauer und CBTC-Hersteller betrachtet werden (Schnieder et al. 2021). Außerdem müssen auch die wesentlichen Fahrzeugparameter (bspw. garantierte Bremskurven) abgestimmt werden.

8.3.1   Definition betrieblicher Anwendungsfälle

Ausgangspunkt der Projektierung der Fahrzeugeinrichtungen ist immer die Erstellung eines Betriebskonzepts. Hierbei muss – ausgehend von der betrachteten Automatisierungsstufe – dezidiert betrachtet werden, wie der Baukasten eines CBTC-Systems in der Betriebsabwicklung konkret angewendet werden soll. Zu betrachtende Aspekte sind hierbei unter anderem die Aufnahme in und die Entlassung aus verschiedenen Automatisierungsgraden sowie die Führung des Fahrzeugs in verschiedenen Betriebsarten (mit korrespondierenden Überwachungsfunktionen). Wesentlich ist – gerade bei einem Betrieb in GoA4 – insbesondere der betriebliche Ablauf bei technischen Störungen sowie Notfall- und Rettungskonzepte. Die verschiedenen betrieblichen Anwendungsfälle müssen in den folgenden Integrationsschritten hinsichtlich ihrer Auswirkung auf die konkreten technischen Eigenschaften des CBTC-Systems betrachtet werden.

8.3.2 Mechanische Integration des CBTC-Fahrzeuggeräts

Gemeinsam mit dem Lieferanten des CBTC-Systems und der mit dem Fahrzeugumbau beauftragten Firma wird die Positionierung der erforderlichen CBTC-Komponenten an und in den Fahrzeugen festgelegt. Hierbei sind vor allem die folgenden Komponenten in das Fahrzeug zu integrieren:

- *Gehäuse (Geräteschrank/Geräteschränke oder Unterflurcontainer) für die zentralen und im Zugverband redundanten Rechnereinheiten.* Baugruppenträger für die sicherheitsrelevanten Funktionen des Zugbeeinflussungssystems (Automatic Train Protection, ATP), für Funktionen der nicht sicheren Fahrzeugsteuerung einschließlich der automatisierten Fahr-/Bremssteuerung und der automatischen Türsteuerung (Automatic Train Operation, ATO) sowie den Steckerfeldern für die Übernahme und Übergabe weiterer Signale von und zur Fahrzeugsteuerung zur Übernahme weiterer Automatisierungsfunktionen für höhere Automatisierungsgrade (bspw. Auf- und Abrüsten des Fahrzeugs).
- *Konventionelle Schaltungstechnik zur Anpassung der Einzelsignale zwischen Zugsicherungssystem und Fahrzeug.* Fahrzeugsignale müssen aus Sicherheitsgründen oft für das Zugsicherungssystem aufgearbeitet werden (Bereitstellung 2-kanaliger Signale). Signale die vom Zugsicherungssystem ausgegeben werden, können oft die Fahrzeug-komponenten nicht direkt ansteuern.
- *Komponenten für die Kommunikation mit der Streckenausrüstung.* Hierbei müssen Fahrzeugantennen unter dem Fahrzeug für das Auslesen von Transpondern für die Synchronisation der Weg- und Geschwindigkeitsmessung positioniert werden. Dafür müssen produktspezifische Besonderheiten, wie ausreichende eisenfreie Bereiche um die Antenne berücksichtigt werden. Des Weiteren müssen Antennen für die kontinuierliche, bidirektionale Datenübertragung zwischen Fahrzeug und Strecke im Dachbereich vorgesehen werden. Ein wichtiges Kriterium für den Anschluss von Antennen sind die zulässigen maximalen Leitungslängen hin zu den entsprechenden Rechnerkomponenten sowie die Dämpfung durch Verbindungselemente.
- *Komponenten zur direkten Weg- und Geschwindigkeitsmessung.* Hierbei kann es sich je nach dem Odometriekonzept des jeweiligen Herstellers um verschiedene technische Komponenten handeln. Bei Wegimpulsgebern müssen freie Achslagerdeckel idealerweise nicht gebremster oder nicht angetriebener Achsen im Zugverband identifiziert werden. Auch die Verwendung eines gemeinsamen Polrads mit anderen Wegimpulsgebern der Fahrzeugsteuerung ist möglich. Die Radarsensoren sind so anzuordnen, dass die Radarkegel sich ungestört ausbreiten und Reflektion vom Untergrund ungestört empfangen werden können. Auch für möglicherweise eingesetzte Beschleunigungsgeber gibt es zu berücksichtigende Randbedingungen bei der Positionierung im Fahrzeug.
- *Komponenten des Datenbusnetzwerks des Zugsicherungssystems.* CBTC Systeme besitzen ein eigenes, von der Fahrzeugsteuerung unabhängiges Datenbusnetzwerk (meist

Ethernet). Eine wichtige Komponente im Datenbusnetzwerk des CBTC Systems ist ein Modem für die Datenübertragung zwischen Fahrzeug und Strecke, welches wegen den zulässigen Leitungslängen zu den Antennen nicht im Bereich der zentralen Rechenheit untergebracht werden kann. Hinzu kommen abhängig von der Fahrzeugkonfiguration diverse Switches beispielsweise zur Signalverstärkung.

- *Bedien- und Anzeigeelemente.* Selbst Fahrzeuge, die hauptsächlich im fahrer-/begleiterlosen Betrieb betrieben werden sollen, benötigen zusätzliche Bedien- und Anzeigeelemente für das Zugsicherungssystem. Beispiele hierfür sind die Displays, Taster und Störschalter. Diese sind gemäß den Vorgaben einschlägiger technischer Regelwerke auf dem Führerstand anzuordnen (vgl. UIC (2002) und DIN (2019)). Hierbei müssen neben der Einhaltung normativer Sichtfelder bei der Integration von Komponenten in den Führerstand auch Aspekte der Ergonomie mit Berücksichtigung finden.

Mechanische Integration bedeutet hierbei, entsprechend große Bauräume für die Komponenten im und am Fahrzeug zu identifizieren. Auch muss dafür Sorge getragen werden, dass die betreffenden Komponenten in einer Art und Weise befestigt werden müssen, dass diese dauerhaft den dynamischen Beanspruchungen des Bahnbetriebs standhalten. Außerdem dürfen durch die Befestigungen keine sicherheitsrelevanten Bauteile (z. B. Drehgestelle) in ihrer Substanz geschwächt werden. Bei Nachrüstungen ist auch das Gewicht des Fahrzeugs zu berücksichtigen. So darf durch die zusätzlichen Komponenten für ein Zugsicherungssystem die zulässige Achslast nicht überschritten werden.

8.3.3 Elektrische Integration des CBTC-Fahrzeuggeräts

Allgemein ist das CBTC-System in die vorhandene Fahrzeugsteuerung zu integrieren. Hierbei muss bei Bestandsfahrzeugen die bestehende elektrische Ausrüstung des Fahrzeugs erfasst werden. Die fahrzeugseitigen Schnittstellen (Input/Output) sind neben funktionellen Stromlaufplänen zu beschreiben. Gerade bei Bestandsfahrzeugen ist zu prüfen, ob die Anforderungen an Sicherheitsfunktionen im Bereich der Fahrzeugsteuerung den aktuellen Sicherheitsanforderungen entsprechen (vgl. VDV (2009) und IEC (2009)). Gegebenenfalls sind in Abstimmung mit der Zulassungsbehörde (z. B. Technische Aufsichtsbehörde, TAB) Modifikationen an der Fahrzeugsteuerung erforderlich. In der Regel kommt es hier zu einem größeren Abstimmungsbedarf zwischen dem Fahrzeughersteller und dem Lieferanten des CBTC-Systems. Die Signale zwischen Fahrzeugsteuerung und CBTC-System können in sichere und nicht-sichere Signale unterteilt werden.

- *Sichere Signale/Funktionen: (SIL ≥ 1):* Beispiele für sichere Eingangssignale von der Fahrzeugsteuerung an das CBTC-System sind Bestätigungstaster, Taster für den Start des halbautomatischen Betriebs, Status der Sicherheitsbremse, Türstatus, Zugintegrität, Kuppelstatus. Beispiele für sichere Ausgangssignale des CBTC-Systems zur Fahrzeugsteuerung sind unter anderem die Ansteuerung der Sicherheitsbremse, die sichere Antriebssperre, bzw. Traktionsfreigabe (oft in Bestandsfahrzeugen fahrzeugseitig nicht vorhanden), die Türfreigabe und die Blockierung der Türen (Freigabe Türnotentriegelung).

- *Nicht-sichere Signale/Funktionen (SIL < 1):* Diese Signale sind zu definieren. Hier ist jeweils festzulegen, wie die Signale im Bereich der Fahrzeugsteuerung abgegriffen werden sollen, bzw. an diese übergeben werden sollen. Neben Hardwareänderungen am Fahrzeug sind ggf. auch Änderungen im Bereich der Software der Fahrzeugsteuerung erforderlich. Bevorzugt wird die Übertragung nicht sicherer Signale über den jeweiligen Fahrzeugbus (z. B. Multifunction Vehicle Bus, MVB oder Ethernet-Consist Network, ECN). Bei Bestandsfahrzeugen muss oft auf die Übertragung von Einzelsignalen zwischen Zugsicherungssystem und Fahrzeugsteuerung zurückgegriffen werden.

8.4 Definition der Teststrategie und Testdurchführung

CBTC-Systeme sind komplex und weisen viele in Bezug auf das konkrete Kundenprojekt konfigurierbare Merkmale auf. Die Erfahrung der Hersteller mit der Inbetriebnahme von CBTC-Systemen und umfassende Testaktivitäten gewährleisten, dass ein sicherer Fahrgastbetrieb aufgenommen werden kann. Die von den Herstellern verfolgten Teststrategien zielen darauf ab, Testaktivitäten im Feld auf das absolut erforderliche Mindestmaß zu beschränken. Allerdings können Testaktivitäten im Feld aus folgenden Gründen nicht vollständig vermieden werden (Diemunsch 2016):

- *Betreiberspezifische Anpassungen:* Die Betreiber fordern eine betreiberspezifische Zugsicherungstechnik, welche sie auf ihre spezifischen Besonderheiten anpassen möchten. Dies ist beispielsweise dann der Fall, wenn die Betreiber zusätzlich Funktionen fordern, die nicht dem Standardfunktionsumfang der herstellerspezifischen Produkte entsprechen. Teilweise sind die Betreiber aber auch zu Anpassungen gezwungen. Dies ist beispielsweise dann der Fall, wenn Fahrzeugeinrichtungen in die vorhandene Fahrzeugflotte integriert werden müssen. Die Tests insbesondere der Integration der Fahrzeugeinrichtungen in die Fahrzeuge können nicht im Hause des Herstellers durchgeführt werden.
- *Konkrete Gegebenheiten im Feld*: Wesentliche Effekte zeigen sich erst bei einer praktischen Erprobung im Feld. So erfordern beispielsweise sowohl die Zugortung als auch die Datenübertragung über Funk besondere Tests. Bei funkbasierten Systemen ist im Feld eine ausreichende Ausleuchtung der Strecke durch ausreichend viele Testfahrten zu bestätigen.

Das Erfordernis, Testaktivitäten zu optimieren wird insbesondere dadurch verstärkt, dass es sich bei einer Vielzahl aktueller CBTC-Projekte um eine Modernisierung von Zugsicherungssystemen in bestehenden Anlagen handelt. Hier muss der Umbau der Zugsicherungsanlagen mit minimalen Auswirkungen auf den Fahrgastbetrieb erfolgen. Diese Randbedingung erhöht die Komplexität der Projekte durch den auf die (kurzen) nächtlichen Sperrpausen beschränkten Zugang zur Strecke für die Montage, Tests und Inbetriebnahme. Aus diesem Grund müssen die Testaktivitäten optimiert werden, um einen

Umbau während des laufenden Betriebs zu ermöglichen. Dies geschieht dadurch, dass möglichst viele Tests bereits in den Testlaboren der Hersteller oder auf dedizierten Testgleisen der Betreiber durchgeführt werden.

8.4.1 Umwelttests

Bereits in der Entwicklung der generischen Anwendungen werden die entwickelten CBTC-Systeme gegen zu erwartende Umwelteinflüsse getestet. Diese Testergebnisse werden für die spezifische Anwendung dahingehend überprüft, ob die in dem Test nachgewiesenen Umwelteigenschaften auch für das betreffende Projekt zutreffen. Weichen die tatsächlichen Umwelteigenschaften von den spezifizierten Umwelteigenschaften des Produkts ab, muss eine Änderungsauswirkungsanalyse durchgeführt werden. Der Nachweis der Umwelteigenschaften umfasst die folgenden Aspekte:

- *Elektromagnetische Verträglichkeit (EMV):* Hierbei wird einerseits bewertet, ob auf den Prüfling wirkende elektromagnetische Felder einen Einfluss auf diesen haben. Andererseits werden auch die vom Prüfling emittierten elektromagnetischen Felder bewertet. Grundlage der Prüfungen sind einschlägige harmonisierte Normen (DIN EN 50121-1:2017).
- *Klimatests:* Bei diesen Tests wird der Prüfling extremen Maximal- und Minimaltemperaturen ausgesetzt. Hierbei wird eine definierte Anzahl an Temperaturzyklen durchlaufen. Ebenso wird der Prüfling unterschiedlichen Luftfeuchtigkeiten ausgesetzt (DIN EN 50155:2018).
- *Mechanische Tests:* Das Betriebsmittel muss ohne Verschlechterung der Eigenschaften ohne Fehlfunktionen Schwing- und Schockeinwirkungen, wie sie im Betrieb auftreten können, standhalten. Bei den genormten Testzyklen wird der Prüfling einer hochfrequenten Schwingung ausgesetzt. Weitere Tests umfassen Schocktests, welche eine mechanische Belastung in Form eines Stoßes simulieren (DIN EN 61373).
- *Schutz elektrischer Betriebsmittel:* Die Gehäuse elektrischer Betriebsmittel erfüllen verschiedene Schutzarten. Die Schutzarten zielen zum einen auf den Schutz von Personen gegen Berühren unter Spannung stehender Teile innerhalb der Gehäuse ab (Berührungsschutz). Darüber hinaus dienen die Gehäuse dem Schutz des Betriebsmittels gegen Eindringen von Fremdkörpern, einschließlich Staub (Fremdkörperschutz). Außerdem schützen die Gehäuse das Betriebsmittel gegen schädliche Einwirkungen durch das Eindringen von Wasser (Wasserschutz). Die Schutzart durch ein Gehäuse wird anhand genormter Prüfverfahren nachgewiesen. Zur Klassifizierung dieser Schutzart wird der so genannte IP-Code verwendet (DIN EN 60529).

8.4.2 Fabriktests

Um Testaktivitäten im Feld weitgehend zu minimieren werden umfassende Tests in den Testcentern der Hersteller durchgeführt (Wigger 2016). Hierbei wird das CBTC-System in Simulationsumgebungen eingebettet. Auf diese Weise wird das CBTC-System bevor die

Software im Feld getestet wird unter kontrollierten Bedingungen „auf Herz und Nieren" getestet. Hierdurch wird schon frühzeitig eine weit reichende Anforderungsermittlung nachgewiesen und mögliche Fehler in der Software erkannt. Oftmals nimmt auch der Betreiber an den Testaktivitäten teil (Factory Acceptance Test, FAT). Die folgenden Teststellungen können in den Testcentern der Hersteller effektiv bearbeitet werden:

- *Tests interner Schnittstellen des CBTC-Systems:* Alle Nachrichten zwischen Leittechnik und dem Fahrzeuggerät, der Leittechnik und dem Streckengerät sowie zwischen dem Strecken- und dem Fahrzeuggerät werden getestet. Hierbei können Tests entweder auf realer oder emulierter Hardware durchgeführt werden.
- *CBTC-Funktionstests:* Abgeleitet von den funktionalen Anforderungen im Projekt werden alle Funktionen mindestens an einer Stelle im Netz exemplarisch getestet.
- *Größtmögliche Testabdeckung externer Schnittstellen:* Hier muss insbesondere die Schnittstelle zwischen dem Streckengerät und dem konventionellen Zugsicherungssystem (Stellwerke) vollständig getestet werden. Gleichfalls sind aufwändige Tests der Schnittstelle zur Leittechnik erforderlich. Hierfür müssen Schnittstellensimulationen von den Herstellern selbst aufgebaut werden oder von den Herstellern externer Umsysteme bereitgestellt werden.
- *Fehlereinstreuungstests:* Im Testcenter können Fehlereinstreuungstests durchgeführt werden, die im Feld so nicht getestet werden können. Ein Beispiel hierfür ist die Vertauschung oder Verfälschung von Botschaften auf dem Funkkanal zum Nachweis der Wirksamkeit der getroffenen Sicherheitsmechanismen des Kommunikationsprotokolls.
- *Unterstützung von Feldtests durch Nachstellen von Fehlern:* Das Ziel der Tester im Feld ist es, einen erfolgreichen Nachweis der korrekten Funktion zu führen und nicht, Fehler aufzuspüren. Sobald die Tester im Feld einen Fehler erkennen, wird er den Testern im Testcenter gemeldet. Im Testcenter wird der Fehler mit der Hilfe von Entwicklern und Projektierern nachgestellt und analysiert. Die gewonnenen Erkenntnisse fließen in einen Korrekturstand der Software zur Inbetriebnahme ein. Kann der Fehler bis zur Inbetriebnahme nicht behoben werden, kann das CBTC-System gegebenenfalls vorübergehend mit betrieblichen Einschränkungen in Betrieb genommen werden.

8.4.3   Fahrzeugtests

Ein wesentlicher Anteil an Projektaktivitäten erfolgt im Zusammenhang mit der Integration der CBTC-Fahrzeugeinrichtungen in die Fahrzeuge des Betreibers. Hierbei werden im Verlaufe eines Projekts verschiedene Tests mit den Fahrzeugen durchgeführt. Dies erfordert in der Regel eine enge Abstimmung zwischen dem Hersteller der CBTC-Systeme und dem Fahrzeughersteller.

- *Ermittlung der Fahrzeugeigenschaften:* Diese Testaktivität dient nicht dem Nachweis. Es müssen im Projekt vielmehr frühzeitig die (fahrdynamischen) Eigenschaften der Fahrzeuge erfasst und mit dem Fahrzeughersteller und Betreiber abgestimmt werden.

Eine wesentliche Information sind Aussagen über die garantierte Zwangsbremsverzögerung, aber wegen der ATO-Funktion (Automatic Train Operation) auch die mögliche Beschleunigung der Züge auf ebener Strecke. Die Angaben fließen in die projektspezifische Konfiguration der Software der ATP- und ATO-Fahrzeuggeräte ein.

- *Mechanische und elektrische Tests:* Die ersten beiden Fahrzeuge eines Typs werden in der Regel als Prototypen umgesetzt. Hierbei wird die mechanische Integration der eingebauten CBTC-Komponenten besonders beachtet und es werden letzte offene Punkte geklärt. Die elektrischen Verbindungen werden genauso getestet wie die Kommunikation mit anderen elektronischen Systemen an Bord des Fahrzeugs. Die Tests an den Prototypenfahrzeugen erstrecken sich in der Regel über mehrere Wochen.

- *Statische und dynamische Inbetriebnahmetests der Fahrzeugeinrichtung*: Für jedes installierte Fahrzeug wird die korrekte Montage der Fahrzeugeinrichtung geprüft. Für den Nachweis der korrekten Funktion der Sensoren für die Weg- und Geschwindigkeitsmessung ist eine kurze Fahrzeugbewegung erforderlich. Für die ATO müssen auch die Fahrzeugeigenschaften (Fahrdynamik) noch einmal betrachtet werden. Da die Ermittlung der Fahrzeugeigenschaften nur an ausgewählten Fahrzeugen durchgeführt wurde, können die tatsächlichen Fahrzeugeigenschaften in der Flotte abweichen. In diesem Fall kann es erforderlich werden, dass die projektspezifische Konfiguration der Fahrzeugsoftware an die Erkenntnisse der Fahrzeugtests angepasst werden muss. Um den Nachweis der korrekten Funktion der CBTC-Schutzfunktion für jeden Fahrzeugtyp zu erbringen, muss die CBTC-Streckeneinrichtung (Streckengerät und Funkausleuchtung) für mindestens einen Streckenbereich (zum Beispiel ein Testgleis im Betriebshof des Betreibers) vorhanden sein.

8.4.4 Testgleis im Betriebshof

In Projekten werden üblicherweise Testgleise mit CBTC-Streckeneinrichtungen ausgerüstet. Hierbei sollten nach Möglichkeit alle betrieblich relevanten Streckenkonfigurationen und Anlagenelemente (beispielsweise verwendete Signaltypen) vorgesehen werden. Die Einrichtung eines Testgleises ist aus mehrerlei Gründen sinnvoll:

- *Test der Fahrzeugeinrichtung:* Nachweis der korrekten Funktion der Schnittstellen zwischen Fahrzeugeinrichtung und Fahrzeugleittechnik für die ersten Prototypenfahrzeuge.
- *Systemtests:* Nachweis der betreiberspezifischen CBTC-Funktionen
- *Statische und dynamische Inbetriebnahmetests für Serienfahrzeuge:* Für jedes installierte Fahrzeug werden nach erfolgter Installation ausgewählte Testfälle durchgeführt. Diese umfassen beispielsweise den Aufbau einer Funkverbindung, die Lokalisierung nach Überfahrt einer Ortsbake, den Empfang eines Fahrbefehls, eine anschließende kurze Fahrt und einen Abbau der Funkverbindung.
- *Schulung:* Die Fahrzeugführer müssen frühzeitig in den Betrieb mit dem neuen Zugsicherungssystem eingewiesen werden. Zu diesem Zweck muss das Testgleis eine ausreichende Länge aufweisen.

- *Regressionstests:* In der Ausrüstungsphase entstehende Korrekturstände der Software werden vorab im Testgleis getestet. Dies gilt auch für Korrekturen und Änderungen nach Aufnahme des Fahrgastbetriebs.

8.4.5 Inbetriebnahmetests der Streckeneinrichtung

Die Tests an der Streckeneinrichtung erfolgen in mehreren aufeinander aufbauenden Schritten:

Übereinstimmungsprüfung: Bevor die Durchführung von funktionalen Testfällen beginnen kann, muss die korrekte Ausführung der Installation getestet werden. Hierbei wird neben der korrekten Ausführung der Kabelarbeiten und der Erdung insbesondere die korrekte Zuordnung der realen Außenanlagenelemente zu ihren logischen Entsprechungen in der Software der CBTC-Streckeneinrichtung und der Leittechnik geprüft. Der Abschluss dieser Teststufe markiert den Übergang von der Installationsphase in die Testphase.

Tests des Datenkommunikationssystems (insbesondere Funk): Neben anderen CBTC-Subsystemen ist das Datenkommunikationssystem das erste zu installierende und zu testende System. Es werden Glasfaserkabel zwischen den Technikräumen entlang der Strecke verlegt und getestet. Ebenso werden Netzwerk-Switche installiert und getestet. Ein Netzwerkmanagement-System zur Verwaltung des Netzwerks muss vor Testdurchführung vorhanden sein. Hierüber können Nachweise zu korrekten Konfigurationen der Netzwerkswitche, der Datentransferraten sowie Latenzzeiten im Netzwerk erfasst werden. Aufbauend auf dieser Betrachtung des Netzwerks entlang der Strecke kann die eine ausreichende Funkabdeckung entlang der Strecke nachgewiesen werden. Der *Nachweis der Funkabdeckung* erfordert mindestens ein mit spezieller Messausrüstung ausgerüstetes Fahrzeug. Alternativ kann auch eine Messeinrichtung auf Fahrzeugen installiert werden, die im regulären Fahrgastbetrieb „mitschwimmen". Prüfwerkzeuge messen zum einen die *Stärke des elektromagnetischen Feldes* der Funkverbindung auf dem Fahrzeug. Gleichzeitig können auch kontinuierlich Datenpakete über den Funkkanal gesendet werden, um die *Paketverlustrate* zu überwachen. Sollte das Fahrzeug über zwei redundante Fahrzeuggeräte an jedem Zugende verfügen, werden diese Tests gleichzeitig für beide Fahrzeuggeräte durchgeführt. Die Züge fahren für die Durchführung der Funkabdeckungstests zunächst mit langsamer Geschwindigkeit. Hierbei kann auch gezeigt werden, dass das Hand-over der Funkverbindung zwischen benachbarten Access Points bruchlos funktioniert. Es ist ebenfalls sinnvoll, worst-case-Bedingungen zu testen. Dies ist beispielsweise dann der Fall, wenn Access Points weit voneinander entfernt sind oder die Signalausbreitung zwischen Access Points und Fahrzeug durch ein oder zwei zwischenstehende Fahrzeuge abgeschattet ist. Anschließend erfolgen Tests mit maximal zulässiger Streckengeschwindigkeit in allen Streckenbereichen. Der Test der Funkstrecke ist essenziell für das Fortschreiten der Testaktivitäten. Bestehen Lücken in der Funkabdeckung, können die funktionalen Testfälle (beispielsweise zur Lokalisierung des Zuges) nicht durchgeführt werden.

Nachweis der Ortungsfunktion: Diese Tests weisen nach, dass der Zug in der Lage ist, seine Position hinreichend genau zu bestimmen und seine aktuelle Position im Streckennetz auf dem Fahrzeug zur Verfügung zu haben. Die Tests zum Nachweis der Ortungsfunktion setzen voraus, dass die Information über die Weichenlagen in der CBTC-Streckeneinrichtung vorhanden sind und dass eine Funkverbindung zwischen der CBTC-Streckeneinrichtung und der CBTC-Fahrzeugeinrichtung besteht. Neben den Testaktivitäten zum Datenkommunikationssystem ist der Nachweis der Ortungsfunktion die zweite Testaktivität im Feld. Diese beiden Nachweise sind die Grundlage für einen CBTC-Betrieb. Obwohl diese elementaren Funktionen nur einen kleinen Teil des Funktionsumfangs der CBTC-Systeme ausmachen, sind für diese Nachweise viele Sperrpausen erforderlich, da diese Tests auf allen Gleisen in beiden Fahrtrichtungen durchgeführt werden müssen.

Integrationstests: Die Integration umfasst sowohl das Zusammenwirken der einzelnen Teilsysteme der CBTC-Systemlösung eines Herstellers als auch das Zusammenwirken mit den externen Schnittstellen des CBTC-Systems in der Systemlandschaft des Betreibers. Als Beispiel sind hier Schnittstellen zur Fahrgastinformation, Gebäudeautomatisierung, Traktionsstromversorgung aber möglicherweise auch anderer signaltechnischer Systeme genannt (beispielsweise Stellwerke) für den Fall, dass die CBTC-Systemlösung als Overlay zu einer bestehenden Fahrwegsicherung eingesetzt werden soll (Brückner 2017).

Funktionstests: Nachdem die Tests für das Datenkommunikationssystem, die Ortungsfunkion und die Systemintegration erfolgreich verlaufen sind, können funktionale Tests durchgeführt werden. In der Regel werden hierfür Testumfänge aus den Fabriktests wiederholt. Die Herausforderung im Testmanagement liegt hierbei darin, eine sinnvolle Auswahl der zu testenden Funktionen einerseits zu treffen und andererseits die erforderliche räumliche Testabdeckung zu definieren. Stehen zunächst die sicherheitsrelevanten Funktionen im Vordergrund, werden hierauf aufbauend die automatisierungstechnischen Anteile getestet:

- *Funktionstest Automatic Train Protection:* Hierzu werden Nachweise konkreter Schutzfunktionen wie die Verhinderung der Überfahrt eines Gefahrpunktes getestet. Ebenso kann das Setzen und das Rücknehmen einer vorübergehenden Langsamfahrstelle für jeden Stellbereich einer CBTC-Streckeneinrichtung exemplarisch getestet werden.
- *Funktionstest Automatic Train Operation:* Für den Nachweis einer korrekten automatischen Steuerung der Züge gemäß der gültigen Geschwindigkeitsvorgaben werden spezifische Tests durchgeführt. Hierbei werden verschiedene Fahrzeuggeschwindigkeiten und Geschwindigkeitswechsel im statischen Geschwindigkeitsprofil getestet, um zu zeigen, dass der Zug die gewünschten Geschwindigkeitsvorgaben effektiv umsetzt. Gleiches gilt für die Haltegenauigkeit im Stationsbereich. Diese Tests erfolgen für alle Gleise in beiden Fahrtrichtungen.
- *Funktionstest Automatic Train Supervision:* Auch wenn der Großteil leittechnischer Funktionen bereits im Testcenter der Hersteller getestet werden kann, werden einige

komplexe leittechnische Funktionen erst wirksam im Feld getestet. Eine erste Funktion, die getestet werden kann ist die Zuglaufverfolgung. Hierauf aufbauend können die Wechselwirkungen zwischen der Zuglaufverfolgung und dem Fahrplanmanagementsystem (beispielsweise hinsichtlich der Zuordnung von Fahrplanfahrten zu Zügen) sowie Funktionen der Konflikterkennung und Konfliktlösung getestet werden.

Site Acceptance Tests (SAT): Der Betreiber kann es sich vorbehalten, alle Testaktivitäten im Projekt zu begleiten und die vorgelegten Testnachweise zu bestätigen (Wigger 2016). In der Regel werden für den SAT aus der Systemanforderungsspezifikation abgeleitete Testfälle durchgeführt. Um den Zieltermin für die Inbetriebnahme des CBTC-Systems sicherzustellen, kann die Betriebsaufnahme zunächst gegebenenfalls nur mit einem reduzierten Funktionsumfang erfolgen. Komplexere (leittechnische) Funktionen können dann in Abstimmung mit dem Betreiber zu einem späteren Zeitpunkt ergänzt werden.

Betriebserprobung (Schattenbetrieb): Der Schattenbetrieb ist ein Testkonzept für Erneuerungsprojekte. Hierbei liegt die Sicherheitsverantwortung im bestehenden Zugsicherungssystem. Das neue Zugsicherungssystem läuft parallel mit und empfängt alle relevanten Führungsgrößen, greift bei erkannten Abweichungen aber nicht aktiv in den Prozess ein. Diese Phase kann sich möglicherweise über mehrere Monate erstrecken. In einem nächsten Schritt können zwischen den regulären Zugfahrten einzelne Zugfahrten ohne Fahrgäste unter CBTC-Überwachung durchgeführt werden. Verlaufen auch diese erfolgreich, kann eine Freigabe für den Betrieb mit Fahrgästen erfolgen (Dombrowsky et al. 2008).

Zuverlässigkeitserprobung: Diese Testaktivitäten haben zum Ziel, den Nachweis zu erbringen, dass das CBTC-System die vertraglich fixierten Performance-Kennwerte (RAMSS) erfüllt. Hierfür werden bereits zum Zeitpunkt der Vertragsunterzeichnung zwischen Hersteller und Betreiber die konkreten Modalitäten der Nachweisführung festgelegt. Die Festlegungen umfassen die relevanten Kenngrößen (zum Beispiel die Mean Time Between Failure, MTBF), die zu betrachtende Grundgesamtheit (beispielsweise eine Linie), den Zeitraum der Tests sowie statistische Randbedingungen des Nachweisverfahrens (beispielsweise Chi-Quadrat-Tests mit einem bestimmten Konfidenzintervall). Die Nichteinhaltung der Zuverlässigkeitskennwerte ist gegebenenfalls mit einer Vertragsstrafe belegt.

8.5 Schulung des Betriebspersonals

Bereits frühzeitig vor Aufnahme des Fahrgastbetriebs mit der neuen Technologie müssen verschiedene Zielgruppen im Unternehmen im Umgang mit CBTC-Systemen geschult werden. In diesem Abschnitt werden die Qualifikationsbedarfe aus Sicht von vier verschiedenen Zielgruppen dargestellt. Im konkreten Ausrüstungsprojekt müssen die Betreiber frühzeitig dafür Sorge tragen, dass die Schulung vom strukturiert Hersteller in die Hände des Betreibers übergeben wird. Hierfür haben sich in internationalen Projekten Train-the-Trainer-Konzepte vielfach bewährt.

8.5.1 Schulungen der Fahrer

Die Fahrer müssen das CBTC System umfassend kennenlernen. Sie müssen die verschiedenen Betriebsarten, die Anzeigen des Führerstandsdisplays sowie auf diesem dargestellte Alarme und Informationen verstehen, korrekt interpretieren und im Betrieb in geeignete Reaktionen umsetzen. Hierbei müssen in der Schulung die folgenden Inhalte abgedeckt werden:

- Einweisung in die Führerstandsanzeige mit ihren Anzeigen und Bedienelementen
- Darstellung der Komponenten der CBTC-Fahrzeugeinrichtung
- Darstellungen der Bedienhandlungen in den verschiedenen betrieblichen Situationen (Aufrüsten des Fahrzeugs, Durchführen einer Permissivfahrt, manuelle Steuerung des Zuges entlang eines kontinuierlichen Überwachungsprofils, Führen des Zuges im halb automatischen Betrieb, Durchführung einer Kehrfahrt, Bergung liegengebliebener Fahrzeuge)
- Üben des Fahrens unter Nutzung der gesamten Bandbreite der zulässigen Betriebsartenwechsel

Die Schulungen werden durch geeignete Schulungseinrichtungen unterstützt. Da zum Zeitpunkt der Schulungsdurchführung die Anlagen noch nicht in vollem Umfang in Betrieb sind, kommen hierfür in der Regel Simulatoren für die Fahrzeugeinrichtungen (Dydak 2019) zum Einsatz. Ein beispielhafter Fahrsimulator ist in Abb. 8.1 dargestellt.

8.5.2 Schulungen des Fahrdiensleiter:

Das Personal auf der Leitstelle muss über ein weit reichendes betriebliches Wissen über das CBTC-System verfügen. Dies umfasst zum einen Betriebsführung im Regelbetrieb als auch die Betriebsführung auf der Rückfallebene. Hierzu müssen die Fahrdienstleiter ein umfassendes Verständnis der verschiedenen Betriebsarten haben. Sie müssen alle Bedienhandlunge, sowie Alarme und Informationen der Leittechnik verstehen und diese in angemessene betriebliche Entscheidungen umsetzen. Hierbei müssen in der Schulung die folgenden Inhalte abgedeckt werden:

- Funktionen der Fahrwegsicherung (gegebenenfalls Stellwerksfunktionen) sowie sicherheitsrelevante Bedienhandlungen über die Leittechnik. Diese Inhalte werden durch gezielte praktische Übungen vertieft.
- Einführung in die Diagnose und Wartungseinrichtungen samt Interpretation anstehender Störmeldungen.
- Funktionen und Einrichtungen der automatischen Zugüberwachung (ATS). Insbesondere Einführungen in Funktionen und Bedienhandlungen für die Zuglaufver-

Abb. 8.1 Fahrsimulator für Fahrerschulungen (Quelle: Stadtwerke Verkehrsgesellschaft Frankfurt am Main mbH, VGF)

folgung (Automatic Train Tracking, ATT) und Zuglenkung (Automatic Route Setting, ARS) sowie möglicherweise weiterer Dispositionsfunktionen.
- Vertiefung der Lerninhalte durch gezielte praktische Übungen.

Die Schulungen werden durch geeignete Schulungseinrichtungen unterstützt. Da zum Zeitpunkt der Schulungsdurchführung die Anlagen noch nicht in vollem Umfang in Betrieb sind, kommen hierfür in der Regel Simulatoren für die die Leitstellenbedienung (Schult et al. 2015) zum Einsatz. Diese Simulatoren bilden alle relevanten Details der Originalsysteme nach, um Trainingsbedürfnisse zu erfüllen. Die Bedienoberflächen werden mit der gleichen Bedienoberfläche das Originalsystem nachgebildet. Gleiches gilt für das zugrundeliegende Verhalten der Sicherungssysteme. Es kann hier eine realistische Topografie oder eine virtuelle Strecke nachgebildet werden. Der Zugbetrieb erfolgt auf der Grundlage eines Fahrplans, die Züge verkehren mit einer realistischen Fahrdynamik auf Basis von Zugkräften der Triebfahrzeuge, Zugmassen und -längen sowie Strecken- und Fahrstraßengeschwindigkeiten. Ein Schulungssimulator besteht meist aus einem Lehrer-Arbeitsplatz und mehreren Schüler-Arbeitsplätzen. Dem Trainer steht eine große Auswahl von Fehlfunktionen und Störungen zur Verfügung. Dies können Elementstörungen (Weichen, Signale etc.), Systemstörungen (Störungen von Streckeneinrichtungen oder des Datenkommunikationssystems etc.) oder auch betriebliche Störungen (Zug fährt über einen Gefahrpunkt hinaus, reduzierte Geschwindigkeit etc.) sein. Alle

Störungen können in Störungsszenarien für standardisierte Tests zusammengefasst werden. Zur Nachbereitung einer Ausbildungseinheit stehen Zustandsspeicherfunktionen und Auswertungen zu Betriebsführung (Verspätungsminuten) und Bedienung zur Verfügung (Demitz et al. 2016).

8.5.3   Schulungen des Instandhaltungspersonals

Die Schulung des Instandhaltungspersonals kann in zwei unterschiedliche Zielgruppen differenziert werden:

- *Schulungen für die Instandhaltung der Streckeneinrichtungen:* Ziel dieser Schulung ist es, ein umfassendes Verständnis für die Instandhaltung der Streckenausrüstung und die Ausrüstung in der Leitstelle zu vermitteln. Hierbei werden die folgenden Komponenten abgedeckt:
  - Instandhaltung von Komponenten der Fahrwegsicherung (möglicherweise auch Stellwerk, Weichenantriebe, sekundäre Gleisfreimeldung, falls vorgesehen auch ortsfeste Signale)
  - Instandhaltung der CBTC Streckeneinrichtung (Transponder und CBTC-Streckengerät)
  - Instandhaltung der Leitstellentechnik
  - Instandhaltung des Datenkommunikationssystems inklusive der hierfür erforderlichen Netzwerkkomponenten
- *Schulungen für die Instandhaltung der Fahrzeugeinrichtungen:* Das Ziel dieser Schulung ist es, ein umfassendes Verständnis für die Wartung der Fahrzeugausrüstung zu vermitteln:
  - Instandhaltung von Komponenten des Führerstands (Führerstandsdisplay und Taster)
  - Instandhaltung des Fahrzeugrechners (ATP und ATO)
  - Instandhaltung der fahrzeugseitigen Anteile des Datenkommunikationssystems

Literatur

Adler G et al (Hrsg) (1981) Lexikon der Eisenbahn, 6. Aufl. VEB Verlag für Verkehrswesen, Berlin

Arpaci M, Schwarte A (2013) Refurbishment of metro and commuter railways with CBTC to realize driverless systems. Signal + Draht 105(7+8):42–47

Brückner D (2017) Lösungen für das automatisierte Fahren im Nahverkehr. Signal + Draht 109(6):6–11

Cabrera A (2009) Gleisgeometriemessung in New York City. Eisenbahntechn Rundsch 58(12):712–715

Demitz J, Steffen W, István H (2016) *RBC-Bedienoberflächen im internationalen Vergleich.* EI – Eisenbahningenieur. 2016:38–41

Diemunsch K (2016) Testing communications-based train control. In: Richard Y (Hrsg) Advances in communications-based train control systems. CRC Press, Boca Raton, S 15–41

DIN EN 16186-1:2019-04: Bahnanwendungen- Führerraum – Teil 1: Anthropometrische Daten und Sichtbedingungen. Deutsche Fassung EN 16816-1:214+A1:2018

DIN EN 61373:2011-04. Bahnanwendungen – Betriebsmittel von Schienenfahrzeugen – Prüfungen für Schwingen und Schocken.

DIN EN 60529:2014-09: Schutzarten durch Gehäuse (IP-Code)

Dombrowsky H, Müller R, May A, Seitzinger E (2008) Premiere für Deutschlands erste automatisierte U-Bahn. Nahnverker 26(5):8–16

Dydak P (2019) Warum Fahrsimulatoren? Vorteile und Grenzen dieses technischen Hilfsmittels bei der Aus- und Weiterbildung. Nahverkehr 37(1+2):12–15

IEC 62267: Railway applications – Automated urban guided transport (AUGT) – Safety requirements, Edition 1.0, 2009-07

Koch G, Schütte J, Benedikt W (2014) SAT.valid: Tool-gestützte Prüfung und Validierung von ETCS-Streckenausrüstungen. Signal + Draht 106(3):18–22

Laumen H, Henning S (2012) Obsoleszenz im Bereich LST. Signal + Draht 104(4):6–12

McCullough I (2008) Trends in modern Masstransit train control. Signal + Draht 100(10):41–47

Schnieder L, Rainer D, Harald F (2021) Integration von CBTC-Systemen in Schienenfahrzeuge. Eisenbahntechnische Rundschau 6:30–33

Schroeder M (2002) Qualitätsmanagement von Projektierungsdaten für Zugsicherungssysteme. Signal + Draht 94(1+2):14–18

Schütte J, Jurtz S, Hans-Walter M (2008) SAT.engine – eine innovative Plattform zur Unterstützung von ETCS-Projekten. Signal + Draht 100(3):17–22

Schult J, Rege G, Carroué C (2015) Betriebs- und Stellwerkssimulation BEST bei der üstra Hannoversche Verkehrsbetriebe AG. Signal + Draht 107(4):18–21

Schütte J, Jurtz S, Manschewski H-W (2008) SAT.engine – eine innovative Plattform zur Unterstützung von ETCS-Projekten. Signal + Draht 100(3):17–22

de Silvestre E (2005) CBTC applied to re-signalling metro lines upgrades performance. Signal + Draht 97(5):39–41

UIC 651:2002-07: Layout of driver's cabs in locomotives, railcars, multiple unit trains and driving trailer.

VDV-Schrift 161-2: Sicherheitstechnische Anforderungen an die elektrische Ausrüstung (10/2009)

Wigger P (2016) Verantwortlichkeiten bei Neubau, Erweiterung oder Modernisierung eines Nahverkehrssystems. Signal + Draht 108(3):49–61

Perspektiven und zukünftige Herausforderungen

Communications-Based Train Control Systeme haben sich in den letzten Jahrzehnten weltweit de facto als Standard herausgebildet. Alle Systemhäuser haben mittlerweile in vielen Projekten Erfahrungen in der praktischen Realisierung gesammelt. Dies betrifft sowohl Neubauprojekte als auch komplexe Umbauten der signaltechnischen Infrastruktur „unter rollendem Rad". Die CBTC-Ausrüstung städtischer Bahnsysteme wird zukünftig weiter zunehmen (vgl. Abschn. 9.1). Allerdings sind zukünftig von den Betreibern und den Systemherstellern weitere Herausforderungen zu lösen. Dies ist neben der aktuell fehlenden Standardisierung der herstellerspezifischen Systemlösungen (vgl. Abschn. 9.2) auch eine Integration von CBTC-Systemen in die Systemtechnik und Verkehrsplanung des Straßenverkehrs dort, wo Stadtbahnsysteme die Verkehrsfläche mit anderen Verkehrsteilnehmern teilen (vgl. Abschn. 9.3).

9.1 Entwicklung der installierten Basis

Viele Städte weltweit haben in den letzten Jahren bereits neue Systeme mit kommunikationsbasierten Zugsicherungssystemen in Betrieb genommen. Dieser Trend wird sich zukünftig fortsetzen. Im nächsten Jahrzehnt ist weltweit eine rapide Zunahme fahrerloser Systeme absehbar. Prognosen auf Grundlage bereits bestätigter Projekte zeigen, dass sich die Streckenlänge fahrerloser Metrosysteme von insgesamt 1026 km im Jahre 2018 in den nächsten zehn Jahren auf mehr als 3800 km mehr als verdreifachen wird (vgl. Abb. 9.1). Der größte Anteil wird hierbei auf die erwarteten Eröffnungen neuer Linien entfallen. Der überwiegende Anteil hiervon allgemein in Asien, bzw. speziell in China (Schnieder 2019a). Ein geringerer Anteil (7 % der Streckenlänge) wird auf europäische Modernisierungsprojekte entfallen. Auch in Deutschland ist dieser Trend inzwischen angekommen. In Nürnberg blickt der Betreiber inzwischen fast zehn Jahre Betriebserfah-

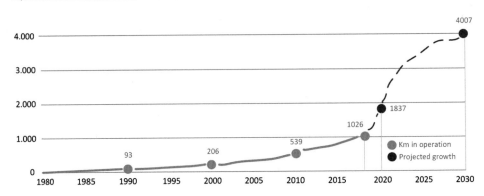

Abb. 9.1 Wachstum der in UTO betriebenen Streckenlänge in km (UITP 2019)

rung mit einem fahrerlosen System zurück. In Wien haben die Arbeiten für die Einführung einer fahrerlosen U-Bahn Linie (U5) begonnen (Heinrich et al. 2019). In Hamburg wird der Neubau einer fahrerlosen Linie der U-Bahn erwogen und die bestehenden Linien U2 und U4 werden in den nächsten Jahren in den halbautomatischen Betrieb überführt. Im Stadtbahnsystem der Stadt Frankfurt am Main werden die innerstädtischen Tunnelstrecken in den nächsten Jahren mit einem CBTC-System für den halbautomatischen Betrieb ertüchtigt. Weitere Betreiber im deutschsprachigen Raum befassen sich konkret mit der Systemauswahl und bereiten Ersatzinvestitionen in ihren Netzen vor. CBTC-Systeme werden daher in absehbarer Zukunft in Deutschland zunehmend zum Einsatz kommen.

9.2   Standardisierung von Systemlösungen

Bislang sind die CBTC-Systemlösungen ausschließlich proprietär. Durch die große Heterogenität von Nahverkehrssystemen zeichnet sich – den Bemühungen einiger ausgewählter Betreiber großer U-Bahn- und Stadtbahnsysteme zum Trotz – nicht ab, dass sich an diesem Zustand in absehbarer Zukunft etwas ändern wird. Damit sind die Betreiber mit ihrer Investitionsentscheidung über den gesamten Lebenszyklus der Anlage an einen Hersteller gebunden. Ursächlich hierfür sind die fehlende *Interoperabilität* und *Austauschbarkeit* von Komponenten.

- *Interoperabilität* bezeichnet die Möglichkeit, dass im Netz eines Betreibers Fahrzeug mit CBTC-Fahrzeugeinrichtungen eines Herstellers mit den Streckeneinrichtungen anderer Herstellers wechselwirken können. Um eine solche Interoperabilität zu erreichen, müssten CBTC-Systeme am Luftspalt zwischen Fahrzeug und Strecke logisch und physikalisch standardisiert sein (McCullough 2008). Dies ist aktuell nicht der Fall.
- *Austauschbarkeit* bedeutet die Möglichkeit, Elemente des CBTC-Systems gegen Sub-systeme/Komponenten eines anderen Herstellers auszutauschen. Hierbei soll es möglich sein, einzelne Elemente des CBTC-Systems austauschen zu können, ohne das

gesamte System ersetzen zu müssen. Die Austauschbarkeit braucht standardisierte CBTC-Systemarchitekturen mit wohldefinierten Schnittstellen. Dies setzt unter anderem eine einheitliche Zuordnung von Funktionen auf Systemkomponenten voraus (McCullough 2008). Zukünftig könnten Betreiber in ihren Ausschreibungen Anleihen an im Betrieb von Eisenbahnen etablierte standardisierte Schnittstellen zu Nachbarsystemen (Stellwerke, Leitstelle und Funkstreckenzentrale) sowie zu dezentralen Feldelementen (bspw. für Weichen und Gleisfreimeldung) nehmen (Elsweiler 2014). Durch die Eulynx-Initiative liegen hier in der Praxis bewährte standardisierte Schnittstellen vor, von denen auch Nahverkehrsbetreiber profitieren könnten (Müller 2021).

Das insbesondere für Vollbahnen europaweit und herstellerübergreifend einheitlich definierte European Train Control System (ETCS) ist ein expliziter Gegenentwurf zu den proprietären CBTC-Systemlösungen. ETCS Level 3 und CBTC-Systeme sind einander hinsichtlich ihrer potenziellen wirtschaftlichen Auswirkungen im Sinne reduzierter Lebenszykluskosten vergleichbar. Einen klaren Vorteil weist das ETCS hinsichtlich der Austauschbarkeit und Interoperabilität auf. Demgegenüber weist CBTC genau dann Vorteile auf, wenn hohe Zugdichten gefordert werden und eine hohe Automatisierung (Driverless Train Operation oder höher) angestrebt wird. Wenn eine ausreichende Kapazität auch ohne das Fahren im wandernden Raumabstand geschaffen werden kann, können die Vorteile des ETCS möglicherweise zukünftig auch für die Nahverkehrsunternehmen genutzt werden (Schnieder 2019b, 2020).

9.3 Integration der Straßenverkehrstechnik in Stadtbahnsystemen

Für Stadtbahnsysteme ist die Einbindung der Straßenverkehrstechnik essenziell. Die durch das Fahren im wandernden Raumabstand in den zentralen Tunnelabschnitten realisierbaren kürzeren Zugfolgezeiten mit den hieraus resultierenden Kapazitätsgewinnen (Anzahl Zugfahrten pro Fahrtrichtung und Stunde) sind nur dann zu realisieren, wenn der Zufluss in die, bzw. der Abfluss aus den in der Regel halbautomatisch betriebenen Tunnelstrecken ebenfalls signifikant verbessert wird. Bislang treffen aus dem Oberflächenbereich in die zentrale Tunnelstrecke einbrechende Fahrzeuge ungleich verteilt im Takt der Umlaufzeit der Lichtsignalanlagen (in der Regel 90 Sekunden) im Zulauf der Tunnelstrecken ein und verursachen dort Verspätungen im Betriebsablauf. Dadurch, dass das Bestandssysteme bereits an ihrer rechnerischen Kapazitätsgrenze betrieben werden und den gesamten Tag über dichte Fahrplantakte gefahren werden, kann diese Verspätung über den Betriebstag hinweg nicht wieder abgebaut werden. Parallel zur systemtechnischen Erneuerung der Tunnelstrecken ist daher auch eine Steigerung der Leistungsfähigkeit der zu- und abbringenden im Fahren auf Sicht betriebenen Außenäste von Stadtbahnsystemen zwingend geboten. Hierfür müssen in Abstimmung mit dem jeweiligen Straßenverkehrsamt der Kommune verschiedene Architekturvarianten der Anbindung an das CBTC-System gegeneinander abgewogen werden (Sandrock und Riegelhuth 2014):

- *Dezentrale Kommunikation zwischen Stadtbahnfahrzeugen und Lichtsignalanlagen:* Klassischerweise geschieht die Beeinflussung von Lichtsignalanlagen durch eine Interaktion zwischen dem Stadtbahnfahrzeug und dem Steuergerät der Lichtsignalanlage. Hierbei kommen bislang Bake-Funk-Systeme im Sinne einer dezentralen ÖPNV-Priorisierung zum Einsatz. Fährt ein Fahrzeug in den Erfassungsbereich einer ortsfesten Bake, sendet das Fahrzeug ein Funktelegramm an den Empfänger der in der Nähe befindlichen Lichtsignalanlage. Das Stadtbahnfahrzeug sendet eine Anmeldung an das Steuergerät. Um Reisezeiten zu reduzieren, werden Rotphasen der Lichtsignalanlage gekürzt und Grünphasen verlängert. Alternativ werden Phasen eingefügt, entfallen oder werden getauscht. Das Stadtbahnfahrzeug erhält grünes Licht noch bevor es die Haltelinie erreicht, so dass es nicht abbremsen muss. Nachdem das Stadtbahnfahrzeug die Kreuzung passiert hat, sendet es eine Abmeldenachricht an das Steuergerät (Rüffer et al. 2019).
- *Zentralenbasierte Kopplung von Stadtbahnfahrzeugen und Lichtsignalanlagen.* Die Kommunen betreiben in der Regel eine Verkehrsmanagementzentrale. Bereits seit längerer Zeit haben die Kommunen die strategische Weichenstellung für den Einsatz herstellerunabhängiger Schnittstellenstandards in der Straßenverkehrstechnik vorgenommen, was unter dem Stichwort Open Communication Interface for Road Traffic Control Systems (OCIT) subsummiert wird. Dies umfasst bislang im Wesentlichen die sogenannte OCIT-Outstations Schnittstelle (OCIT-O) zur Verbindung der Lichtsignalsteuergeräte mit dem zentralen Verkehrsrechner. Über den Aufbau einer so genannten OCIT-Schnittstelle „Center-to-Center" (OCIT-C) wird es in dieser Architekturvariante zukünftig möglich, die Leitebene des CBTC-Systems mit dem Verkehrsrechner der Kommune zu verbinden. Von der Leitebene des CBTC-Systems übertragene Zustandsdaten führen zu einer gezielten Priorisierung von Stadtbahnfahrzeugen an lichtsignalgeregelten Knoten im Straßenverkehrsnetz (Rüffer et al. 2019).

Neben der zuvor dargestellten systemtechnischen Integration müssen ebenfalls verkehrsplanerische Aspekte mit betrachtet werden. Hier kann es sinnvoll sein, gezielt Parameter wie Umlaufzeiten zu variieren und an der Koordination mehrerer hintereinanderliegender Knoten zu arbeiten.

Literatur

Elsweiler B (2014) *Beyond ETCS – Interoperable interfaces and more.* IRSE NEWS 198, S 2

Heinrich N, Stuchlik C, Schnieder L (2019) Automatisierung der Linie U5 in Wien. Eisenbahntechn Rundsch 68(6):24–27

International Association of Public Transport (UITP) (2019) World report on metro automation. Brüssel

McCullough I (2008) Trends in modern mass-transit train control. Signal + Draht 100(10):41–47

Müller R (2021) *Digitale Stellwerke tragen die Digitalisierung der Bahn. EIK – Eisenbahningenieurkompendium* 2021. Eurailpress, Hamburg, S 180–201

Rüffer M, Schmidt C, Schnieder L (2019) Erneuerung der Zugsicherung als Chance für die Automatisierung von Stadtbahnsystemen. Eisenbahntechn Rundsch 68(9):19–23

Sandrock M, Riegelhuth G (2014) Verkehrsmanagementzentralen in Kommunen – Eine vergleichende Darstellung. Springer, Berlin

Schnieder L (2019a) Stand und Perspektive von Metrosystemen in China. Eisenbahntechn Rundsch 68(7+8):10–13

Schnieder L (2019b) Zugbeeinflussungssysteme für Stadtbahnen im Vergleich. EI – Eisenbahningenieur 69(11):31–34

Schnieder L (2020) Funktionsallokation in funkbasierten Zugbeeinflussungssystemen – ein Vergleich. ETR – Eisenbahntechnsiche Rundchau 70(11):16–19

Stichwortverzeichnis

A

Access Point 21–23, 119, 151
Austauschbarkeit 160, 161
Automatic Route Setting (ARS) 25, 155.
    Siehe Auch Zuglenkung
Automatic Train Control (ATC) 13, 14
  Automatic Train Operation (ATO)
    14, 15
  Automatic Train Protection (ATP) 14
Automatic Train Tracking (ATT) 155. *Siehe*
    Auch Zuglaufverfolgung
Automatisierungsgrad 37
  GoA 0 – Zugbetrieb auf Sicht 25, 37
  GoA 1 – nicht automatisierter
    Zugbetrieb 28, 40
  GoA 2 – halbautomatischer Betrieb 29, 41
  GoA 3 – begleiteter fahrerloser
    Zugbetrieb 41
  GoA 4 – vollautomatischer fahrerloser
    Betrieb 41
Availability 107, 115

B

Bahnsteigtür 47, 51, 70
Bahnübergang 58
Bandbreite 109, 154
Befahrbarkeitseinschränkung 80
Befahrbarkeitssperre 61
Beschaffungskosten 8
Betriebshof 55, 79, 117, 150
Betriebskosten 10, 137
Betriebssimulation 126, 129, 130
Bremskurve 65

C

Capital Expenditure (CAPEX) 10, 123.
    Siehe Auch Beschaffungskosten
Cost
  Breakdown Structure 124 (*Siehe Auch*
    Kostenaufbruchstruktur)
  Categories 124 (*Siehe Auch* Kostenarten)

D

Datenkommunikationssystem 53, 119, 151,
    152, 156
Disposition 7, 15, 25, 155
Driverless Train Operation (DTO) 41.
    Siehe Auch Automatisierungsgrad

E

Einklemmerkennung 91
Einklemmschutz 91
Elektromagnetische Verträglichkeit (EMV) 148
Evakuierung 95

F

Fahrerlaubnis 45, 47, 61, 62, 91
Fahrgastinformation 2, 5, 152
Fahrstraßenverschluss 58
Fahrstrategie 41
Fehlerkategorie 95
Fixed Block 6, 61. *Siehe Auch*
    Raumanstand, fester
Flankenschutz 18, 58
Führerstandsanzeige 50, 76, 79, 80, 154

© Springer-Verlag GmbH Deutschland, ein Teil von Springer Nature 2022
L. Schnieder, *Communications-Based Train Control (CBTC)*,
https://doi.org/10.1007/978-3-662-65285-5

G

Gegenfahrschutz 37
Geschwindigkeitsprofil, statisches 45, 62
Gleisfreimeldung 126, 140
    primäre 17
    sekundäre 17, 119, 156
Gleiten 68, 70
Grade of Automation (GoA) 37, 40, 41. *Siehe Auch* Automatisierungsgrad

H

Handover 22
headway 7
    design headway 9
    operational headway 9
Hinderniserkennung 80

I

Inbetriebnahmetest 150, 151
Informationssicherheitsmanagementsystem (ISMS) 114
Infrastruktur, kritische 114
Interoperabilität 160, 161

K

Kehrfahrt, fahrerlose 51
Kostenart 124
Kostenaufbruchstruktur 124

L

Lebenszykluskosten 10, 123, 124, 126, 161
Lichtraumprofil 58, 62, 80
Lichtsignalanlage (LSA) 58, 162
Life Cycle Costs (LCC) 10, 123. *Siehe Auch* Lebenszykluskosten

M

Maintainability 107, 115
Migrationsstrategie 133, 134
    Doppelausrüstung Fahrzeuge 137
    Doppelausrüstung Strecke 139
Moving Block 6, 61. *Siehe Auch* Raumabstand, wandernder

N

Non-automated Train Operations (NTO) 40. *Siehe Auch* Automatisierungsgrad
Notführerstand 17

O

Operational Expenditure (OPEX) 123
Ortung 14, 65, 116
    Beschleunigungssensor 69
    Ortsbake 69
    Radarsensor 68
Ortungsgenauigkeit 70

P

Product Breakdown Structure 124. *Siehe Auch* Produktaufbruchstruktur
Produktaufbruchstruktur 124

R

Raumabstand 139
    fester 8, 27, 130
    wandernder 6, 45, 61, 130, 161
Reliability 107, 115, 117
Risikoanalyse 108, 109
Risikograph 109, 111
Roaming 21–23

S

Safety 107–109
Schleudern 68, 70
Schlupf 68, 70
    Gleiten 68
    Schleudern 68
Security 107, 108, 114. *Siehe Auch* Verlässlichkeit
Semi-automatic Train Operation (STO) 41. *Siehe Auch* Automatisierungsgrad
Sicherheit 47, 107, 108
Sicherheitsintegritätslevel 109, 111
Sicherheitsnachweis 109
Sperrzeit 7
    Sperrzeitenband 8
    Sperrzeitentreppe 8

Sperrzeitenbild 7
Stellwerk 17, 18, 139, 149, 152, 156
Störungsbetrieb 53, 54
Straßenverkehrstechnik 161, 162
Streckenatlas 18, 70, 116, 119

T
Technischer Sicherheitsbericht 109
    Factory Acceptance Test (FAT) 149
    Inbetriebnahmetest 150, 151
    Integrationstest 152
    Site Acceptance Tests (SAT) 153
    Übereinstimmungsprüfung 151
    Umwelttest 148
Test 133, 139, 148, 151
Testcenter 148, 149
Testgleis 148, 150
Testlaboren 148
Train Operations on Sight (TOS) 37.
    Siehe Auch Automatisierungsgrad
Training 150
    Fahrdienstleitertraining 154
    Fahrertraining 154
    Instandhaltertraining 156
Traktionsstromversorgung 61,
    71, 152
Türfreigabe 47, 52, 78, 83, 84

U
Umweltbedingung
    Klima 2, 148
Unmanned Train Operation (UTO) 9. *Siehe
    Auch* Automatisierungsgrad

V
Verfügbarkeit 107, 115, 119
    Ausfallzeit, mittlere 115
    Klarzeit, mittlere 115
Verlässlichkeit 107
    Angriffssicherheit 114
    Instandhaltbarkeit 115
    Sicherheit 114
    Verfügbarkeit 115
    Zuverlässigkeit 115

W
Weichenverschluss 58
Wireless Local Area Network (WLAN) 21

Z
Zugfolgezeit 7–9, 53, 129, 161.
    Siehe Auch headway
Zuglaufverfolgung 25
Zuglenkung 25, 26, 52, 155

Printed in the United States
by Baker & Taylor Publisher Services